全民阅读·经典小丛书

情商决定命运

QINGSHANG JUEDING MINGYUN

冯慧娟 编

 吉林出版集团股份有限公司

图书在版编目（CIP）数据

情商决定命运 / 冯慧娟编 . —长春：吉林出版集团股份有限公司，2016.1
（全民阅读. 经典小丛书）
ISBN 978-7-5581-0133-5

Ⅰ . ①情… Ⅱ . ①冯… Ⅲ . ①情商—通俗读物 Ⅳ . ① B842.6-49

中国版本图书馆 CIP 数据核字 (2016) 第 031431 号

QINGSHANG JUEDING MINGYUN

情商决定命运

作　　者：	冯慧娟　编
出版策划：	孙　昶
选题策划：	冯子龙
责任编辑：	王　妍　姜婷婷
排　　版：	新华智品
出　　版：	吉林出版集团股份有限公司
	（长春市福祉大路 5788 号，邮政编码：130118）
发　　行：	吉林出版集团译文图书经营有限公司
	（http://shop34896900.taobao.com）
电　　话：	总编办 0431-81629909　　营销部 0431-81629880 / 81629881
印　　刷：	北京一鑫印务有限责任公司
开　　本：	640mm×940mm 1/16
印　　张：	10
字　　数：	130 千字
版　　次：	2016 年 7 月第 1 版
印　　次：	2019 年 6 月第 2 次印刷
书　　号：	ISBN 978-7-5581-0133-5
定　　价：	32.00 元

印装错误请与承印厂联系　电话：18611383393

前言
FOREWORD

2006年，美国对733位拥有数百万美元的富翁所做的一项调查显示，对他们的成功起到决定作用的前几项因素分别是：诚实地对待所有的人，严格地遵守纪律，与人友好相处……而这些都是"情商"的重要组成部分。

情商（EQ），简单来说，就是指一个人识别、影响、控制自己情绪和情感的能力。

生活中，情绪对人的影响可谓无处不在：心情舒畅时，周围的一切都会变成难得一见的美景；怒不可遏时，往往会不自觉地出口伤人；高度兴奋时，会觉得有使不完的力气；伤心欲绝时，会觉得浑身无力，什么事都不想做……消极的情绪为人们增添了无数的烦恼，甚至会威胁生命；积极的情绪则会使人觉得生活是那样美好，做起事情来也往往事半功倍。

而情感更是生活中不可或缺的重要内容，亲情、爱情、友情，能让一个人充分领略生活的真谛，能对人产生巨大的激励作用。因此，处理情感的成败往往直接影响着一个人事业的兴衰。

情商决定命运

　　一个情商高的人，不但善于识别和控制自己的情绪，更善于影响和调动他人的情绪，并在处理情感问题上做到无懈可击，使自己和周围人做的每一件事情，都不会朝着不利于自己的方向发展，最终成就辉煌的事业和幸福的人生。

　　在本书中，我们列举了一些高情商的人所应有的表现，并用一个个小故事激励大家锻炼自己。愿大家都能成为拥有高情商的人，从而改变生命的轨迹，打造属于自己的幸福人生！

目录
CONTENTS

情商决定命运

目录
CONTENTS

情商决定命运

目录
CONTENTS

情商决定命运

情商、智商和命运

曾经有一段时期，智商测试在社会上风靡一时，许多人乐此不疲。但人们很快就发现一个问题：为什么有的人智商很高，却不能成功；而有的人智力平平，却能获得成功？

诚然，智商是一个人的重要素质，决定了一个人可能发挥出多大的能量，但仅仅是"可能"而已，它并不能决定这种能量最终可以发挥出多少，以及朝哪个方向和领域发挥。智商好比一名武士手中的剑，智商的高低就好比这把剑的锋利程度，当这名武士面对人数众多的敌人而心生恐惧时，或是因情绪低落而无心恋战时，再锋利的宝剑也无法发挥威力。

因此，目前社会上普遍认同这样一种说法：一个人的成功，20%依赖于智力因素，其余80%依赖于非智力因素。而非智力因素中最关键的就是"情绪智力因素"，也就是"情商"。

高情商人群的主要特征

1991年，美国耶鲁大学心理学家彼得·塞拉维和新罕布什尔大学的约翰·梅耶首次使用了"情绪智力"这一术语，用来描述了解和控制自身情绪，揣摩以及驾驭他人情绪的移情作用，通过情绪控制来提高生活质量一类的才能，"情商"概念就此诞生。

虽然目前对于"情商"这个概念尚没有一个公认的最严密、完整的定义，但对于一个高情商的人应当具备的一些普遍特征，社会上还是有一定的共识的。大致来说，一个具有高情商的人，通常具备以下几种特征：

1. 强大的自我认识能力：即对自身素质有着客观、清晰、完整的认识。自身素质包括性格、能力、潜力、人生观、价值观等。

2. 对自身情绪有极强的控制力：即针对具体情况，用最恰当的表达方式处理自己的情绪。学会控制情绪是一个人获得成功和快乐的要诀。

3. 善于自我激励：是指能够树立目标，并努力去实现。

4. 能够认知他人情绪：指对他人的各种感受能"设身处地"地、快速地进行直觉判断，了解他人的情绪、性情、动机、欲望等，并能做出适度的反应。

5. 极强的组织沟通能力：组织沟通能力，就是一个人通过语言或非语言符号与他人交流和相处的能力。这种能力的强弱能直接反映出一个人情商水平的高低。

情商如何决定命运

事实上，在这个世界上，大部分人的智商都属于正常水平，过高和过低者加在一起也不会超过10%。那些伟大人物和成功人士，也大多和我们普通人一样智商平平，而他们之所以与众不同，正是由于他们在情商方面具有过人之处。

一个情商高的人，对自身和社会都有一个极为清醒、客观的认识。他们既不会无视社会现实由着自己的意愿胡来，也不会迫于社会的压力而放弃自己的理想。他们会将个人和社会结合起来，确定一个自己乐于实现、且有能力去实现的目标，并设计出一条通往这一目标的、属于自己的发展道路。显然，这是一个人获得成功的基础。

更重要的是，一个情商高的人，对于"情绪"非常敏感，既敏锐了解他人情绪，又善于控制自己情绪。了解他人情绪，可以做到急他人之所急，想他人之所想，进而迅速领会他人的想法，在第一时间和对方进行最有效的沟通。做到这一点，有利于建立和维持良好的人际关系，在

事业、爱情、家庭各方面都如鱼得水、左右逢源。

　　控制自身情绪，可以使一个人免受不良情绪的浸染和控制。不良情绪郁结过久，会让人陷入消沉、抑郁，继而丧失斗志和目标，自然与成功渐行渐远；不良情绪发泄不当，就会损害自己和周围人之间的关系，使自己在工作、家庭等多方面陷入孤军奋战，从而无谓地消耗了自己大量的精力，哪还有力气去追逐目标呢？而一个懂得控制情绪的人，能在第一时间察觉不良情绪正在心中悄然生成，并很快地将其从内心中清理除去，使自己永远保持阳光、积极、精神饱满的状态。人在这种状态下做事，效率自然要比在消极情绪的笼罩下高上数倍。

　　由此可见，情商在一个人获得成功和创造幸福的道路上，所起到的作用确实是不可替代的。因此，我们可以毫不犹豫地相信：情商决定命运！

为自己画一幅肖像

摆脱幻想中的我，回归现实

西班牙作家塞万提斯笔下的堂吉诃德，是一个经典的艺术形象。几百年来，人们被这位"骑士"的荒唐举动逗得捧腹大笑。但是，当你阅读这本小说的时候，是否也被这位"骑士"先生感动过呢？

堂吉诃德是个坚强的人。他受骑士小说的鼓舞，立志做一名骑士，四海为家、行侠仗义。他不顾自己年近半百、身体瘦弱，先后三次出巡。途中他被打掉牙齿、削掉手指，还丢了耳朵、折断肋骨，历尽了种种苦难，但从未放弃过自己的梦想，这种人难道不坚强吗？如果你是位励志书的作者，你不想把他的事迹写进书中吗？

堂吉诃德是个勇敢的人，面对可怕的巨人（其实是架风车），他挥舞长矛冲了上去，丝毫没有退缩之意，即使被掀翻在地也毫不气馁，这种人难道不勇敢吗？如此面对强敌毫不畏惧、敢于以命相搏的士兵，你若是位将军，能不欣赏他吗？

堂吉诃德是个忠于爱情的人。他逢人就夸赞自己的心上人杜尔西内娅有多美，自己又是多么爱她。如果你是他心中的那位姑娘，你难道不会幸福得热泪盈眶吗？

然而，这位坚强、勇敢、忠于爱情的骑士，在出巡中的每一次"义举"，不但给别人造成了很大的麻烦，也往往把他自己弄得头破血流、遍体鳞伤。这样一个优秀的人，有着这样伟大的动机，他到底错在什么地方了呢？

堂吉诃德的悲剧，在于他个人素质的欠缺。不可否认，堂吉诃德是一个情商很低的人，因为他完全没有认识自我和洞察社会的能力：他忘记了自己只是个贫穷、年老体衰的单身小乡绅，也忘记了在他所生活的时代，骑士仗剑走天涯的事情早已成为传说。他完全无视个人与社会的现实，整日生活在幻想的小说情节之中，才闹出了如此多的笑话，成了一个可爱、可笑又可悲的人。

合上书本，让我们来想一想：自己是否曾对自己和社会产生过不满？是否也曾用幻想来安慰自己，以致险些不能自拔？难以自拔的时

候，假设自己拥有比堂吉诃德更强的行动力，是否会闹出比他还多的笑话？

如果你觉得无法想下去了，就不要勉强自己，睁开眼睛吧！看看这个现实中的世界，端详一下现实中的自我。只有摆脱幻想、立足于现实，你的思想和行动才有意义，否则，你付出的辛苦越多，越是南辕北辙。

别人不能做你的镜子

小时候的爱因斯坦是个十分贪玩的孩子。他的母亲常常为此忧心忡忡，并再三告诫他要好好学习，但是爱因斯坦总是把母亲的话当作耳旁风。

爱因斯坦16岁那年秋季的一天，他的父亲笑得前仰后合地走进家门，一把抱起爱因斯坦，说道："阿尔伯特，我刚才遇到了一件非常好笑的事，你想听听吗？"

"是什么事，爸爸？快讲给我听听！"一听到爸爸要讲好笑的故事，爱因斯坦的兴趣被调动起来了。

"刚才我和咱们的邻居杰克大叔去清扫南边工厂的一个大烟囱。那烟囱只有踩着里面的踏梯才能上去。你杰克大叔走在前面，我跟在他后面。钻出烟囱时，你杰克大叔的后背、脸上全都被烟灰蹭黑了，像个小丑一样。看到你杰克大叔的样子，我差点儿要笑出来，于是我们跑到附近的小河里去洗。当时我以为自己的样子和杰克一样，也是一身黑，就洗得非常用力，其实我因为一直走在后面，身上连一点儿烟灰也没有。

而你杰克大叔呢，看到我脸上、身上都干干净净，就以为他和我一样的干净呢！他只草草地洗了洗手，就大模大样上街了。结果，街上的人都笑疼了肚子，还以为你杰克大叔是个疯子呢！"

爱因斯坦听罢，忍不住和父亲一起大笑起来。然而这时，父亲突然收敛了笑容，郑重地对他说："其实，谁也不能做你的镜子，只有自己才是自己的镜子。拿别人当镜子，白痴也会把自己照成天才。"

以他人为镜，你只可以吸取他人的经验，但绝不能把镜中的形象当成自己。因此，想要获得对自己清晰、客观的认识，就必须排除他人的影响，否则，只会让他人的影子映射在自己的身上，使自己做出荒唐的事情。

学会旁观自我

美国哥伦比亚大学的研究者想测试一下学生怎样对待记忆中那些令人尴尬的事情。他们设计出一个试验，让接受试验的大学生回忆过去最让他们感觉窘迫的时刻。他们将这些接受试验者分成两组，其中一组用第一人称"我"的方式讲述自己往日的屈辱，另一组用的是第三人称"他"的方式。

调查者们发现，和"我"相比，用"他"的方式回忆尴尬的往事明显会轻松些，心态也更加平和，甚至在叙述之后还会发表一些颇有见地的感想和总结，仿佛这些事情是发生在别人身上一样，丝毫不觉得窘迫和难为情。调查者们认为，这是由于用第三人称的方式讲述自己的故事，可以让自己与过去种种痛苦体验拉开距离，重新体会过去的经历，集中注意力于为什么你会感觉不舒服，而不是陷入其中不能自拔。

这个试验给了我们很大的启发。我们大多数人在反思自己言行的时候，如果总是从自己的立场出发，那么往往一无所获。因为，站在第一人称重新将整个事件温习一遍，很难得出和之前不同的结论，更有甚者还会将愤怒、哀伤等不良情绪放大，适得其反。这时，我们不妨尝试着让自己的思想和言行暂时分离，让自己的灵魂站在一个不相关的第三者的角度，重新观察自己的言行。如此一来，你就会发现许多之前无法看到的东西，当你的灵魂和身体再次结合时，你就会觉得自己成了一个崭新的人，思想和言行都如获得了重生一般。

对别人的言行品头论足，这个似乎很容易，而对自己的言行进行客观的反思，就不那么轻而易举了。既然如此，我们就化难为简，把自己的事变成"别人"的事来看，这种方法不失为一条自我认识的捷径。平时多尝试这种"旁观自我"的方法，将会十分有助于一个人获得清晰、客观的自我认识。

聆听来自内心的呼唤

33岁那年，雷斯特·布鲁门塔尔和弟弟把家族经营了几代的家居装饰材料公司卖掉了。原本酷爱务农的兄弟俩选择了截然不同的道路：弟弟用分得的钱投资了房地产事业，而雷斯特在仔细思考了"我这辈子究竟要做什么"之后，还是回到了自己热爱的土地。

为了弄清楚自己到底最喜欢什么工作，雷斯特先后务过农、做过奶酪，却都不是很满意。直到37岁那年，他终于在马萨诸塞州乡间开了一家烧烤店，每天到附近的农场去买蔬菜、肉类等各种原料。这样一来，他既有机会耕作，又可以享受自由经营的乐趣。

雷斯特40岁时，餐馆生意逐渐步入正轨。尽管弟弟早就过上了富足的生活，但雷斯特一直都有后来居上的信心。有人问他是否觉得自己很失败，他说："一点儿都不，我在创业的过程中找到了自己的位置，而且每天做的是喜欢的事情，感觉很充实。"

布鲁门塔尔兄弟的不同境遇，其实代表了很多人一生中至少要想一次的问题：是为钱工作，还是为心工作。

由于保守的传统观念和国情的影响，中国人很少谈论这个话题，更偏重于脚踏实地、全身心地投入到眼前的事业中，无法天马行空地选择自己喜爱的工作。但是，以此为由而将自己的理想忘得一干二净，难道不是对自己的残忍吗？

现如今，强大的社会压力让人们变得不由自主：很多高中生按照父母的意愿来填报高考志愿，很多大学毕业生按照工资待遇高低来选择去留，很多年轻人刚参加工作几年后就预见到自己退休时的样子……他们为了生计而四处奔走，从不停下来听自己的心声。于是每天黄昏，这个世界上便多了一群看着表等待下班的人。

现实和理想二者的统一，当然是一种理想的状态。但当二者出现矛盾的时候，只要你在选择之前服从了来自内心最深层的呼唤，对自己是诚实的，那么无论选择哪个都是正确的。在我们的一生中，至少应该给自己一次机会，去试一下做自己喜欢做的工作是什么感觉，或许机会就在这勇敢的尝试下破土而出。

强大的自尊心让你不可侵犯

一个下雨的中午，地铁车厢里的乘客稀稀落落的。车子停下时，上来了一老一小两名乘客，从近似的容貌上不难看出，他们两人是父子，此外从他们蹒跚的步子上可以猜到，他们都是残疾人。

中年男子双目失明，而那大约八九岁的男孩则是一只眼紧闭着，另一只眼能微微地睁开些。小男孩牵引着父亲，一步一步地摸索上了车，径直走到车厢中央。当车子缓缓前行时，小男孩的声音也随之响起："各位爷爷、奶奶、叔叔、阿姨，你们好，我叫小明，我现在唱几首歌给大家听。"

话音刚落，音质很一般的电子琴声响了起来，小男孩自弹自唱，歌声不算动听，但有着一种童音特有的甜美。几曲唱罢，男孩走到车厢头，像人们所预料的那样开始行乞。他没有托盘子，也没有直接把手伸到你前面，只是轻轻地走到你身旁，叫一声叔叔阿姨什么的，然后默默地站立着。所有人都知道他的意思，但当小男孩从自己身边经过的时候，所有人不是故意低下头，就是冷漠地把头转向另一侧，总之都不愿意和这个可怜的孩子目光相接。

男孩空着小手走到了车尾，表情非常沮丧。就在他准备到下一节车厢的时候，一位中年妇女尖声大叫起来："怎么搞的，车上居然还有乞丐？"

所有的目光都集中到他俩的身上。令人没想到的是，小男孩小小的脸上显现出与年龄极不相符的冷峻。他不卑不亢地说："阿姨，我不是乞丐，我是卖唱的。"

霎时间，所有冷漠的目光都变得生动起来，小男孩掷地有声的话语让车上的每一个人感到震撼。不知是谁带头鼓起了掌，车厢里掌声立刻响成了一片。

一个几乎没有生存能力的小男孩，却已经在不屈地承受生命。他不是一个卑贱的乞丐，而是一个充满自尊的人。对于任何一个人来说，无论处于何种弱势，只要充满自尊，就是一个强大的人，一个有独立人格的人，不会轻易受到打击和侵犯的人。自尊的熊熊烈火，会支撑着这样的人历尽磨难而不被击垮。

相信潜力无限

2008年北京奥运会上，无数人见证了牙买加飞人博尔特微笑着冲过百米终点的瞬间。他的成绩是9秒69，轻松打破前世界纪录。很多人都确信，比赛最后放弃冲刺的博尔特，肯定能够创造出更加让人瞠目结舌的成绩。果不其然，在一年以后的柏林世锦赛上，他又将世界纪录提高了0.11秒。

许多年前，有科学家曾经断言，人类百米成绩的极限将不会超过10秒这个极限。一旦超过这个极限，人体的肌肉就会因不堪重负而断裂，关节软组织也会在剧烈的运动中脱离。可是不久之后，美国人海因斯在1968年美国田径锦标赛中跑出了9秒9，让"10秒极限"的论断不攻自破。

随后，科学家们像是故意在和这些运动员们作对，又提出了"9秒9极限"的论断，然而，美国田径传奇明星刘易斯在1991年东京世锦赛上，以9秒86的成绩又一次将科学"羞辱"了一番。科学家们仍不"甘心"，又将"极限"定为9秒8。紧接着，美国人格林横空出世，在1999年雅典田径大奖赛上跑出了9秒79。几百年来被人们膜拜的"科学"，在上帝的馈赠——人的身体面前，显得那么不堪一击。如今面对博尔特创造的奇迹，科学家们可能正在角落里偷偷抓狂呢！

那么，人类百米成绩的极限到底是多少呢？法国的佩龙内特和蒂博博士在综合了优秀运动员的身体代谢样本，并且经过数学方法计算后，得出的结论是人类能够在2040年跑出9秒49，但德国一所大学荷兰籍数学家阿尹马鲁教授则有不同的结论。阿尹马鲁经过对田径各个项目的世界纪录进行研究后，认为人类100米的极限为9秒29。英国牛津大学的安德鲁·泰特姆在经过统计学分析后，预测2156年人类能跑到8秒79。

科学家们给出了如此多的答案，正表明了人类在探究自己身体的极限时所产生的困惑。但是，有一点是所有人都承认的，那就是人能跑多快是没有极限，纪录将不断地被刷新。因此，我们完全有理由相信，作为造物主的杰作，人类的潜力是我们本身都无法想象的。作为人类的一员，你也要确信，自己同样有无穷的潜力。突破极限，释放潜力，你的人生必将迎来新的希望。

欢迎别人批评自己

在日本寿险业，"原一平"这个名字可谓如雷贯耳。日本有近百万的寿险从业人员，其中很多人不知道全日本20家寿险公司总经理的姓名，但几乎每个人都知道原一平这个人。

原一平的一生充满传奇：从被乡里公认为无可救药的小太保，到最后成为连续15年全国业绩第一的"推销之神"。最穷的时候，他连坐公车的钱都没有，可是最后，他终于凭借自己的毅力，成就了自己的事业。

原一平年轻的时候，曾经来到东京附近的一座寺庙推销保险。他口若悬河、滔滔不绝地向一位老和尚介绍投保的好处。老和尚一言不发，耐心地听他把话讲完，然后用平静的语气说："你讲了这么半天，我对投保还是毫无兴趣。年轻人，先努力去改造自己吧！"

"改造自己？"原一平有些不明白。

"是的，你去诚恳地请教你的投保户，请他们帮忙改造你。我看你有慧根，倘若按我说的去做，他日必有所成。"

原一平对老和尚的话思考了片刻，道谢之后就离开了。回家之后，他策划了一个名为"批评原一平"的集会。为了让别人能坦率地批评自己，他确定了以下三个原则：为了使人人都能畅所欲言，人数不能多，以五人为限；为了能够接受更多人的批评，每次邀请的对象不能相同；来者都是贵宾，一定要热诚地招待他们。

基于这三个原则，他做出了如下的详细策划：

集会名称：原一平批评会。

时间：每月举行一次，一年12次。

地址：在安静的小饭馆，以晚餐的方式（每人一小瓶酒、一块炸猪排）进行。

邀请人数：每次5人。

参加限制：已参加过一次的人，最少隔半年再邀请他出席。

一切就绪，他立刻去拜访几个关系较好的投保户，诚恳地对他们说："我才疏学浅，又没有上过大学，因此连如何反省都不会，所以我恳请您抽空参加'原一平批评会'，对我的缺点加以指正。"这些人觉得这种性质的集会很有意思，都很痛快地答应了。

批评会终于开始了，原一平觉得自己就像是砧板上的一块肉，等着别人宰割。第一次批评会就使他原形毕露：

"你的个性太急躁了，常常沉不住气。"

"你的脾气太大，而且粗心大意。"

"你太固执，常自以为是，应该耐心地听听别人的意见。"

"对于别人的托付，你总是一口答应，这一缺点务必改进，因为'轻诺者必寡信'。"

"待人处事千万不能太现实、太自私，也不能要手腕或要花招。人与人之间的关系，只有靠诚实才能维持长久。"

"你将面对各种各样的人，所以你必须有丰富的知识。你的知识不够丰富，所以必须加强进修，这样才能对别人的生活提出中肯的建议，你的投保户也就对你更加信赖了。"

他把这些宝贵的逆耳忠言一一记下来，随时反省自己。随着批评会按月定期举行，他发觉自己就像正在蜕变的一条蚕，每一次的批评会，他都有被剥一层皮的感觉。经过一次又一次的批评会，他把身上一层又一层的劣性剥了下来，在这一过程中逐渐进步、成长。他把在"批评会"上获得的意见用在每天的推销工作中，业绩有了突飞猛进的提升。

有些时候，一个人很难自觉地发现自己身上的某些缺点，而别人对这个缺点却往往洞若观火。如果一个人能为你指出你的缺点，督促你改正，那么这个人一定是你的挚友。然而一般来说，一个人如果不是和你非常熟悉，是不会当面直接指出你的缺点的。

当然，任何人被别人当面指出缺点，都会觉得伤自尊，但是请想一想，一个人能够自觉发现身上缺点的途径，除了花费大量时间去思考，就是犯了一个巨大的错误之后痛定思痛。相比之下，别人的一句

逆耳忠言就能让你发现自己的缺点和错误，这难道不是一种莫大的恩惠吗？因此，你应该用真诚的态度，恳求别人指出你的缺点。你要让对方明白，自己非但不会因为对方的直言不讳而尴尬和恼怒，反而对他提出的宝贵意见感激不尽。在别人的帮助下，你将以飞快的速度取得更大的进步。

以勇士的姿态面对人生

失败，开始于勇气的缺失

2007年7月15日晚上，在马来西亚，中国男子足球队正在和伊朗队进行亚洲杯小组赛第二轮的争夺。比赛开始后，中国队先声夺人，很快取得了两个球的领先优势。但伊朗队不愧是亚洲劲旅，很快稳住阵脚，连扳两球。

比赛进入了令人窒息的胶着状态，双方展开了激烈的对攻战，一时间场上硝烟弥漫，人仰马翻的场面层出不穷。就在双方杀得难解难分之时，中国队主教练朱广沪做出了一个决定：用中后卫杜威换下一名前场队员。

这一换人举动让当时场上的队员一脸茫然，也让场外的球迷顿足捶胸。熟悉足球比赛的人都知道，由于足球比赛场地很大，而且也不能像篮球比赛那样请求暂停，因此换人就成了比赛过程中主教练传达指示的唯一途径。换下前锋换上后卫，就表明主教练的如下意图：加强防守，保住当前比分，不必与对方拼个鱼死网破。

果然，换人之后的中国队开始走保守防御路线，场上球员的士气和激情明显回落。结果，这场比赛以2比2收场，中国队"成功"保住了1分的积分。没人知道那天比赛结束后，全队上下是抱着何种心情入睡的。失去的分数，我们也许能在下一个对手身上找回来，但缺失的勇气，又该去哪里找呢？

也许，朱广沪当时考虑的是保存实力，在下一场比赛拿下实力稍弱的乌兹别克斯坦队。这种想法也许没什么错，但是，他的举动无意中暴露了这样一个事实：面对竞争，他失去了一拼到底的勇气。而失败，往往就开始于勇气的缺失。

两天后，中国队没有按照预期取得胜利，而是0比3惨败于乌兹别克斯坦队，最终没能在小组出线。至此，已然伤痕累累的中国足球又遭重创，朱广沪也在一片口诛笔伐中黯然"下课"。中国队最后的惨败，并不是由于心理压力过大这一老问题，也不是替补门将杨君的经验不足，而是在之前一场比赛中，他们的勇气已经输得一无所有。

此情此景，让我们不由得想起2000年。当时，米卢带领中国队出征亚洲杯。在半决赛上，中国队在一度2比1领先的情况下，被当时在亚洲如日中天的日本队3比2逆转。但是，那场比赛的主旋律不是遗憾，而是激情：祁宏遭对方门将暗算身负重伤，全队的斗志被迅速点燃；杨晨单刀赴会，在对方两名后卫的夹击下破门得分。这些场景，都成了球迷心中永远的记忆。接下来和老对手韩国队争夺三、四名的决赛，留给我们的除了激情，更多的是震撼与感动：在几乎半支球队因伤无法出战的困境下，中国队的勇士们用不屈的斗志，为球迷们献上了一曲血战强敌的悲壮战歌！我们无法忘记临危受命、屡屡与对手正面碰撞的徐阳，无法忘记血染战袍、依然奋勇拼杀的杨晨，无法忘记把对手的防线搅得天翻地覆、终场哨响后仍心有不甘地望向对方球门的李霄鹏和邵佳一，无法忘记目光焦急、一直站在场边呐喊的主教练米卢。虽然，这两场比赛都以中国队失利告终，但是，即便在当时，我们也有理由相信，这支由血性男儿组成的队伍，将很有可能出现在2002年世界杯的赛场上。

狭路相逢，勇者胜。如果输掉了勇气，就意味着输掉了成功的机会。

自信的人无所畏惧

小泽征尔是世界著名的音乐指挥家。一次他去欧洲参加指挥大赛，决赛时，他被安排在最后出场。评委交给他一张乐谱，小泽征尔稍做准备便全神贯注地指挥起来。突然，他发现乐曲中出现了一点不和谐，以为是演奏错了，就指挥乐队停下来重奏，但仍觉得不自然。他立刻意识到是乐谱的问题。可是，在场的作曲家和评委会权威人士都声明乐谱不会有问题，乐曲中的不和谐是他的错觉。面对几百名世界音乐界权威人士，一般的人不免会对自己的判断产生了动摇。但是，小泽征尔坚信自己的判断是正确的，他大声说："不！一定是乐谱错了！"话音刚落，评判席上那些评委们立即站起来，向他报以热烈的掌声，祝贺他大赛夺魁。

原来，这是评委们精心设计的一个圈套，以试探指挥家们在发现错误而权威人士不承认的情况下，是否能够坚持自己的判断。因为，只有具备这种素质的人，才真正称得上是世界一流音乐指挥家。三名选手中，只有小泽征尔相信自己而不附和权威们的意见，因此毫无悬念地摘得了这次世界音乐指挥家大赛的桂冠。

自信，让小泽征尔站到了巅峰之上。自信是一种神奇的力量，一个人无论身处顺境还是逆境，只要有了自信，生活便有了希望。哪怕命运之神一次次把你捉弄，只要拥有自信，你就拥有了一颗自强不息、积极向上的心，助你排除万难向着成功勇敢前进。

永不言败的精神会让你笑到最后

1938年的本田宗一郎还是一名学生，为了追求自己心中的理想，制造出最好的汽车活塞环，他变卖了所有家当，创办了本田汽车公司。他开始了夜以继日的设计制造工作，整日里与油污为伍，累了在厂里倒头就睡上一觉。

当制造出来的最终产品被送到丰田公司时，却因品质不合格而打了回来，本田先生的设计也被认为是不切实际，甚至遭到同行的一致嘲笑。他无视一切批评，咬紧牙关，重回学校苦修，并凭借坚强的毅力，始终朝着自己的目标前进。两年后，本田先生最终取得了丰田公司的购买合约，梦想得以实现。

然而，一切并非一帆风顺，后来，他又碰上了新问题。当时的日本，由于战争的因素，各类物资都比较吃紧。尤其是建筑，以及军用物资，因而政府不卖水泥给他建造工厂。为此，他另谋它途，与伙伴研究出新的水泥制造方法，最终建好了工厂。

战争期间，遭到美国空军两次轰炸后，工厂内大部分制造设备被毁。为了使工厂能够得到更多可用于生产的材料，他召集工人，捡来各种资源，甚至包括美军飞机丢弃的汽油桶。可不幸还在继续着，随后发生的地震使整个工厂变成了一片废墟。无奈之下，他不得不将制造活塞环的技术卖给丰田公司。

战后，日本遭遇了严重的汽油短缺。极度沮丧下，本田不得不试着把马达装上脚踏车。成功后，他又为邻居们装了一部又一部，并用光了所有的马达。

"何不开一家工厂，专门生产自己发明的摩托车？"可惜，他欠缺资金。于是，他决定求助于全国18000家脚踏车店。他给每家店都去了封言词恳切的信，并告诉他们：他发明的产品，将在日本经济的振兴中扮演一个重要的角色。最终，其中的5000家被说服了，所需的资金就这样凑齐了。

当时，大且笨重的摩托车，生产出后只卖给少数硬派的摩托车迷。为扩大市场，他动手将摩托车改得更为轻巧，推出后，得到了很多人的喜爱，甚至荣获"天皇赏"，并远销到欧美。随后，20世纪70年代，他开始生产汽车，再次获得好评。

今天，在日本及美国，本田汽车公司已雇员工超过10万，是日本最大的汽车制造公司之一，其销售量在美国仅次于丰田。

失败并不可怕，但它绝不能成为你选择放弃的理由。面对失败，我们要坚定一个信念：失败具有的破坏力，和人的精神力相比根本不值一

提。如果这点觉悟都没有，那么成功永远与你无缘。

敢于大声说"不"

　　1941年6月22日凌晨，纳粹德国发动了代号为"巴巴罗萨"的军事行动，突然入侵苏联。苏军措手不及，损失惨重。在战争爆发的第二天，苏共就成立了统帅部大本营，朱可夫担任总参谋长。7月29日，朱可夫打电话给斯大林，准备当面汇报自己的战略计划。10分钟后，斯大林在自己的办公室接见了朱可夫。

　　斯大林一边习惯性地在房间里走来走去，一边听着朱可夫的汇报。当他听到德军将可能突袭坚守基辅地区的西南方面军时，突然停下来问："你对此有什么建议？"

朱可夫回答说："我认为，应该在半个月内火速从远东调来8个师，一方面保卫莫斯科，另一方面充实中央方面军的兵力。同时，将西南方面军立即撤到第聂伯河，使得西南方面军与中央方面军形成一个拳头，积蓄力量，伺机反击。"

斯大林听后，捏着烟斗，走近朱可夫，用严厉的目光看着他问："那么基辅怎么办？"朱可夫断然回答："放弃基辅，这是当前唯一正确的战略决定。"

此时的朱可夫明白，自己的主张与斯大林"寸土必守，坚守现在阵地实施反攻"的作战理念完全冲突。但是，他鼓足勇气继续说："放弃基辅后，我们可以在西南方向马上组织反突击，夺回叶利尼亚，因为德军可能利用叶利尼亚为桥头堡来进攻莫斯科……"

"哪里还有什么反突击？"斯大林粗暴地打断了他的话，"把基辅交给敌人，亏你想得出！这简直是胡说八道！"

朱可夫也豁出去了，立刻反驳道："斯大林同志，如果您认为我这个总参谋长只会胡说八道，那就解除我总参谋长的职务，把我派到前线去，我在那里可能对祖国更有好处！"

当时在场的人都愣住了！在苏联，没有人敢挑战斯大林的权威。房间里出现了一阵令人窒息的沉静。好半天后，斯大林才说话："朱可夫同志，你先出去吧，我们一会儿叫你。"

半个小时后，斯大林把朱可夫叫回办公室，对他说："刚才经过商量，我们决定解除你总参谋长的职务，让你到作战部队去。你方才说要在叶利尼亚组织一次反突击，我想就让你负责这件事，到那里任预备队方面军司令。你打算什么时候动身？"

朱可夫马上回答："一小时以后！"

就这样，因为在作战问题上的分歧而顶撞了斯大林的朱可夫，被撤掉了总参谋长的职务。然而事后证明，朱可夫的战略决策是正确的。叶利尼亚战役，苏军在朱可夫的指挥下取得了振奋人心的胜利，极大地鼓舞了军民的斗志。9月6日，也就是叶利尼亚战役胜利的当天，朱可夫给斯大林发电报汇报战果。9月9日，朱可夫接到立即飞往莫斯科，并在当天20时前向斯大林报到的命令。

由于时间过于紧迫，朱可夫迟到了一个小时。当他赶到斯大林的办公室时，只见斯大林和几乎所有的苏共中央政治局委员都在场等着他。朱可夫知道斯大林从不允许部下迟到，一进门就报告说："对不起，斯大林同志，我迟到了一个小时。"

斯大林看看表说："不，你迟到了一个小时零五分。请坐吧，如果饿的话，先吃点儿东西。"

朱可夫坐了下来。斯大林又在房间里走来走去，边走边说："朱可夫同志，你处理叶利尼亚反突击问题的结果不错，7月29日那天你的建议是对的。现在你想去哪里？"

朱可夫回答得简单干脆："回前线！"

斯大林听后，脸上露出少有的微笑，对朱可夫说："到列宁格勒吧，现在那里局势危急。如果德军占领列宁格勒，就会从东面迂回进攻莫斯科。那里所有的部队都归你指挥，而且你可以在全军范围内挑选你的助手。去吧，列宁格勒需要你，全苏联的人民也需要你。"

斯大林的这番话，意味着他对朱可夫极其信任。从那时开始，朱可夫就成为斯大林的救火队员，哪里危急，就被派到哪里去。

面对比自己强大的人，说"不"是一种莫大的勇气。当和别人的意见发生分歧时，如果你认为自己的意见是正确的，那么就一定要坚持。然后你要做的，就是竭尽全力用事实证明，你口中的"不"具有无可置疑的正确性。对方不但不会恼羞成怒，反而会对你心生莫大的敬佩。但是请注意，你一定要用行动证明自己，否则你的坚持，只会成为别人口中的笑柄。

用勇气面对伤痛

从前，在美国的边境线上住着一个男孩。一天，他在放学后奔跑在回家的路上，不小心摔了一跤。他以为只是膝盖擦破了点皮，根本没放在心上，只是有些心疼自己用打工挣的钱买的那条新裤子。

到了夜里，他的膝盖开始疼起来，可他依然没往心里去，爬上床就睡着了。

第二天早上，他感到整条腿都开始疼起来了，但还是早早起床，像往常一样到农场里去干活儿。又过了两天，他疼得实在支撑不住了，根本无法下床。那是一个星期天，父母和兄弟坐车去镇上了，他一个人留在了家里。当父母回来时，他已经昏倒在床上，腿红肿得不成样子了，鞋子是用刀子割破后取下来的。

"你怎么不早说呢？"母亲哭了，"快去叫医生来！"母亲用湿手帕把伤腿包起来，另外又用块湿布放在他滚烫的额头上。

老医生看了看那条腿，摇摇头："伤口感染了病毒，只能截肢了。"

"不！"男孩突然大叫起来，"决不！死也不！"

"如果病毒扩散到胃部，你就没命了。"医生说。

"无论如何也不能锯掉它！我不想当一个残废！"男孩声嘶力竭地嚷道。

老医生也很无奈，只好和焦急的父母商量着怎样控制他的病情，希望能尽快给他动手术。

医生走后，男孩为了防止别人趁自己昏迷的时候做截肢手术，就请求哥哥守在门口，不让任何人靠近。之后的整整两天里，他就依靠药物和物理降温苦苦支撑，忍受着疼痛的折磨。此时的情况不容乐观，男孩的体温越来越高，病毒已经开始逐渐从腿部向腹部蔓延，但他毫不畏惧，始终咬紧牙关坚持着。医生一次次地告诫他：这样下去，他可能随时会死。但每一次建议截肢手术都被男孩拒绝了，因为他不怕死，不想从此残缺地活着。就这样，这个坚强的男孩用勇气做赌注，与伤痛顽强地抗争着。

第三天早上，奇迹真的发生了：男孩腿上的肿胀开始消退了！又过了一个夜晚，那孩子突然睁开了眼睛，腿上的肿胀也全消下去了。三个星期以后，大病初愈的他尽管身体又瘦又弱，可那眼光却是清澈而坚定的。他笑着对母亲说："我看到了上帝。"

"是吗？"母亲一把搂过儿子，泪如雨下。

这位13岁的男孩，就是日后的美国第34任总统，他的名字叫德怀特·艾森豪威尔。

人的生命，有时的确非常脆弱，伤病随时都在伺机侵袭我们的身体。但是，在病魔的淫威之下，你越退缩，病魔就越嚣张，你越呻吟，你周围的人也就越感到烦躁和悲伤。医生的治疗固然可以让你恢复健康，但病魔最忌惮的其实是你的坚强。它可以让病魔立刻收敛气焰，让你的亲人看到希望。要知道，病魔的折磨只是人生中的小小的磨难，连这都战胜不了，你还能做到什么呢？

"放弃"也是一种勇气

1985年，35岁的奥利拉加入了芬兰诺基亚公司。1990年，诺基亚公司的领导层进行了一次新老更迭，时年40岁的奥利拉成为公司总裁。

此时的诺基亚公司内外交困，前任总裁无法承受竞争的压力，选择了自杀，这些问题使得公司业绩一落千丈。为挽救危机，奥利拉出台了一系列被认为是"自杀"的计划。首先，他宣布放弃林业加工业，这个决定让公司所有员工大吃一惊。众所周知，芬兰的国土面积很大部分被森林覆盖，林业加工是每个芬兰企业都尽力投资的行业，诺基亚放弃林业加工，等于放弃了公司利润份额的30%。接着，他再出"昏招"，宣布诺基亚放弃电视业务。员工忍无可忍，举行罢工要求奥利拉给个说法，因为诺基亚是欧洲最大的电视机生产厂之一，如果说放弃林业加工如同砍掉诺基亚的左右手，那么放弃电视业务就等于让诺基亚停止呼吸。奥利拉丝毫没有被员工罢工所动摇，接着又宣布公司以后只经营移动电话业务，并以世界性电信公司作为今后的发展目标。

事实上，奥利拉这一系列决定，都是经过深思熟虑的。那时候，芬兰林业加工业的竞争已经进入白热化，市场也面临饱和，此时与其和别的企业杀得鱼死网破，不如主动撤出。电视业务虽然是诺基亚的主要利润所在，但是技术研发已经进入瓶颈，而与此同时，世界移动电话的需求量进入了一个高速增长的时期，前景十分广阔。于是，他痛下决心，进行大刀阔斧的改革。

后来发生的事情，证明奥利拉的选择是完全正确的。他亲手缔造了通信产业最大的奇迹，使诺基亚成为全球第五大知名品牌，排在麦当劳、通用电气的前面。奥利拉离任前，诺基亚手机发货量已经是位于第二名的摩托罗拉公司的两倍。鉴于诺基亚公司对芬兰国民经济的突出贡献，奥利拉被芬兰政府授予白玫瑰一级司令勋章。

有选择性的放弃并不是懦弱，反而是一种莫大的勇气。奥利拉暂时牺牲了公司以前稳定的利润来源，顶住了来自员工的巨大压力，使诺基

亚获得重生，成为世界知名的成功企业。正是他敢于放弃的勇气，铸就了诺基亚的辉煌。在人生中，我们往往被一些不必要的东西拖累而浑然不知，这些东西有些承载着你美好的记忆，有些貌似对现在的你也十分重要。但是，要想加速前进，就要有放弃的勇气，否则这些东西或许会将你拖入深渊。

自我激励，让人生充满激情

坐等别人相救，是弱者的表现

一个路人问一个独自在抽泣的小男孩："你为什么这样伤心？"

"我好不容易凑齐了二十芬尼，想去看一场电影，"男孩回答说，"可是那个男孩跑来，从我手中夺走了十芬尼。"他一边说，一边指向不远处一个正朝这儿张望的男孩。

"你没有呼喊着寻求帮助吗？"路人问道。

"喊了。"男孩一边说，一边哭得更厉害了。

"难道没人听见你的喊叫？"路人又问，一边慈爱地抚摸了男孩一下。

"没人听见。"男孩哭泣道。

"那么是不是你的喊叫声不够响呢？"路人问。

"不是的。"男孩说，然后两眼充满期望的打量路人。

路人只笑了笑："那么，把另一枚硬币也交出来吧！"随后他从男孩手里拿走另外十芬尼，头也不回地走了。

遭到打击之后，怨天尤人或向他人寻求帮助，而自己什么都不做，不可能从根本上解决问题，甚至会让自己陷入更大的困境之中。每一个人，都应该做一个自强的人，以一种"千山我独行"的霸气踏上崎岖的人生之路。遇到艰难险阻，要学会不停地激励自己，唤醒自身的力量来

度过危机。记住，在危机之中，只有自己才是最可靠的。

勇于突破内心的障碍

　　"在每一次助跑前，我都会把自己的心先甩过横杆。"这是"撑杆跳沙皇"布勃卡的成功秘诀。布勃卡曾经35次打破世界撑杆跳纪录，是有史以来最伟大的撑杆跳运动员。

　　与其他运动员一样，布勃卡也曾经历过一段灰暗的岁月。尽管他比任何人都期待成功，但迎接他的却是一次又一次的失败。这一切仿佛巨石一般压在他的心头，让他几乎无法呼吸。不堪重负的他甚至曾有过退役的念头。

　　有一天，沮丧的布勃卡对教练说："教练，我真的不是练撑杆跳的料，无论怎么努力都是失败。我想放弃了！"

教练一脸平静："在助跑之前，你一般都想些什么？"

"当我清清楚楚地看到横杆，它就那样高高在上地悬着，我就会不由自主地害怕起来。"布勃卡说出了自己真实的感受。

"布勃卡！"教练突然大声喝道，"闭上你的眼睛，先把自己的心从横杆上甩过去。"

教练的话语让布勃卡猛然惊醒，心中疑惑的阴云被彻底驱散，压抑的潜能被完全释放。在一次比赛中，他按照教练的话去做了。面对以前屡屡让自己折戟沉沙的高度，布勃卡这次一跃而过。从那以后，每逢大赛，布勃卡在助跑前都会凝望横杆，心中默念着："我是什么人？我是布勃卡！就这个高度，对我来说跃过去是必然的！"

横杆犹如人生的目标，其高度不会变，可变的只是你的心态。如果高高在上的目标让你丧失了斗志，那么你只能一次次吞下失败的苦果。如果坚信"我一定能行"，那么在奋力一搏之后，你会发现：刚刚还高高在上的目标，现在已经在你的身子下面俯首称臣了。

用平凡的石头修建梦想的城堡

希瓦勒是一名普通的邮递员，他的工作就是每天走着走去各个山村送信。

一天，他不小心被一块石头绊倒了。他爬起来后捡起那块石头，放在手中左右端详，觉得这块石头的样子很特别，就放进了邮包里。山村里的人很奇怪：他怎么背着这么沉的一块石头呢？就劝他扔了它。

希瓦勒却很得意，拿出石头给大家看："你们见过这么漂亮的石头吗？我怎么舍得扔呢！"

人们笑了，对他说："你喜欢这个啊？山上到处都是，你一辈子也捡不完。"

回到家的希瓦勒望着美丽的石头突发奇想：这么漂亮的石头，如果用它来建造一座城堡，那该是怎样的壮观。有了信念，希瓦勒以后送信的时候，就多了一份工作——寻找漂亮的石头。不久，他就收集到了一部分。可是要建造城堡，这样的速度是绝对不行的。于是，他开始每天推着独轮车送信，看到漂亮的石头就放在独轮车上。就这样，他白天送信、捡石头，晚上就凭自己的想象来建筑城堡。很多人甚至认为他脑子不正常。

20多年了，他已经修建了很多漂亮的建筑，各种样式的都有。

1905年，法国一位记者偶然来到这里，发现了这些美丽的城堡，惊喜之余就写了一篇文章来介绍这些城堡和希瓦勒。之后，人们蜂拥而至，都来参观这些漂亮的城堡，就连毕加索都来过。

现在这座名为"邮递员希瓦勒之理想宫"的城堡群已经是法国著名的旅游点之一了。在它的入口处，刻了这样一句话："我想知道一块有了愿望的石头能走多远。"传说，被刻字的石头就是当年绊倒希瓦勒，让他痴迷，最终花费20多年时间建造这些城堡的最初的那块石头。

一块石头有了愿望，它就不会再平庸地卧在泥坑里；一个人要有了愿望，他又会创造多少奇迹？因此不要哀叹自己的平凡，心怀梦想，并勇于为之拼搏，你也将获得非凡的成就，拥有精彩的人生。当你再次因为自己的平凡而想要退却时，就想一想这位平凡的邮递员，用平凡的石块创造的奇迹吧！热忱和恒心，能让梦想的城堡在平凡的土地上拔地而起。

抓住希望，重新振作

王老师是一位德高望重的老师，虽然只有四十多岁，但已经在教学方面取得了很好的成绩，不但赢得了学生和家长的一致好评，也受到了学校领导的高度重视。但是，在一次体检中，王老师被查出患了胃癌。医生告诉他，他大概只剩下半年左右的时间了。这对于正值壮年、事业蒸蒸日上的他来说，无疑是一个沉重的打击。

心灰意冷之下，王老师本想办理病退手续，离开学校，在家里安静地死去。但是很快他就改变了主意：既然生命只剩下半年的光阴，更不应该就这么浪费掉！与其在家里等死，还不如将最后一段时间奉献给自己深爱的学生。抱着这种想法，王老师又返回了他熟悉的校园。

和孩子们在一起，王老师的心情很快好转起来。他勤奋地工作，认真地总结教学心得，想在有限的时间里，尽可能多地为学生们做点贡献。在这一过程中，王老师重新燃起了生的渴望。他在医生的指导下，积极配合治疗，同病魔展开了顽强斗争。就这样，半年过去了，死神并没能将王老师带走。

时光飞逝，王老师已平安度过了十个春秋。人们在惊叹之余，纷纷问他："是什么让你战胜了死神？"

每当听到这个问题，王老师总会微笑着说："是心中的希望。每天

醒来，我都会给自己一个希望，我希望自己能为孩子们再上一天课，希望自己能为孩子们再批改一次作业，希望自己能再写一篇教学心得……直到现在，希望的火花仍在我心中跳跃着。"

希望，是绝望的黑暗中一缕神圣的光芒，抓住希望，你就获得了战胜黑暗的勇气和力量。身处绝境之时，你要做的决不是自怜自艾，而是尽一切力量寻找希望。让希望成为你自我激励的食粮吧！它可以让生命之花在泥泞中绽放。

耐住寂寞，光明就在前方

人如其名，阿容·斯莫尔（Aaron Small）是纽约洋基棒球队中一个不折不扣的小人物。和纽约的其他棒球队一样，洋基队也以挥金如土闻名，球队一年的工资总额达两亿多美元，球员的最高年薪可达两千万。在这样的球队中，斯莫尔只拿着三十万的年薪，却一次又一次扮演了捍卫大苹果城的英雄。

自从1994年加盟多伦多蓝鸟队后，斯莫尔就被下放到了小联盟。所谓小联盟，就是新出道的年轻人接受锻炼和等机会的地方，是职业棒球生涯开始的前站。日子一天天过去，斯莫尔始终不懈地在小联盟打拼，而且一奋斗就是九年。已经33岁的他十分明白：自己的职业生涯快要结束了。朋友劝他放弃，但他不愿就这样离开，尽管很迷茫，他仍然选择忍耐下去，默默地为自己钟爱的棒球事业而努力。他曾写过一首诗，抒发当时无助的心情：

"此情此景，脚步变得越来越沉重。

此时此地，梦想变得越来越朦胧。"

后来，斯莫尔加入洋基俱乐部的后援梯队，仍旧扮演着一个默默无闻的角色。就在那个赛季，洋基队陷入了前所未有的困境：球队出现大面积的伤病，在一段时间内竟然没有一个可堪重用的投手，球队连遭败绩。急切之中的球队管理层一边到处物色新球员，一边紧急抽调小联盟的后备选手。在试过四五个人后，机会终于轮到斯莫尔头上。

7月20日，斯莫尔以洋基首投的身份登场亮相。命运，毫无征兆地把这最后的机会放在他面前，这么多年的坚持是否值得，也将在这场比赛结束后给出答案。

那天，无数的人见证了这场"小兵立大功"的伟大比赛，在全场观众排山倒海般的助威声中，斯莫尔有如神助。有了九年深厚的积累，他用稳定的发挥让对方的每次得分都变得艰难，帮助洋基队获得了一场久违的胜利。此后，当球队的大腕表现失常时，斯莫尔便去充当救火队长。他利用这种缝隙中的上场机会，帮助球队屡挫强敌，连胜八场，平了球队历史上的最长连胜纪录。

他的成绩为他带来了尊重和信任，也使他受到球迷的拥戴，当教练再想把他打入冷宫时，立刻招来一片讨伐之声。斯莫尔以十胜零负的成绩刷新了洋基投球手的连胜纪录，也让洋基队开足马力奋起直追，最终以极其微弱的优势超越红袜队获得联盟东部第一。

虽然洋基队在接下来的比赛中输给了洛杉矶天使队，无缘总冠军。但是，挑剔的纽约球迷在毫不留情地指责球队管理层、讽刺那些拿着高薪却使洋基队陷入窘境的大腕的同时，也毫不吝惜对小人物斯莫尔的赞美之词，称他为英雄。是的，他是个忍耐住了九年寂寞才脱颖而出的洋基英雄。

人生的低谷，正是对一个人决心和勇气的考验，因为只有真的英雄，才能耐得住低谷中寂寞的严寒。无论多么艰难，一定要激励自己：

挺过这段时间，辉煌的胜利就在眼前。

天生我材必有用

一个出生在布拉格犹太人家庭的男孩，他性格内向、懦弱、多愁善感，像个小姑娘，老是觉得周围环境都在压迫和威胁着他，防范和躲避的想法在他心中根深蒂固。

男孩的父亲却竭力想把他培养成一个标准的男子汉，希望他具有风风火火、宁折不屈、刚毅勇敢的性格。在父亲那粗暴、严厉的斯巴达式培养下，他不但没有变得刚烈勇敢，反而更加懦弱自卑，甚至从根本上丧失了自信心，致使生活中每一个细节、每一件小事，对他来说都是一个灾难。他在困惑和痛苦中长大，常独自躲在角落里悄悄擦拭心灵的伤口，同时小心翼翼地猜度着又会有什么样的灾难落到自己身上。看他那个样子，简直就没出息到了极点。懦弱、内向的他，似乎注定只能拥有悲剧般的人生。他的父亲见毫无希望，最终也放弃了努力。

后来，这个内向、懦弱、多愁善感的男孩，走上了文学创作的道路。在这个他为自己营造的艺术王国中，懦弱、悲观、消极等弱点反倒使他对世界、生活、人生、命运有了更尖锐、敏感、深刻的认识。他以自己在生活中受到的压抑、苦闷为题材，开创了一个文学史上全新的艺术流派——意识流。在作品中，他把荒诞的世界、扭曲的观念、变形的人格，解剖得淋漓尽致，给世界留下了《变形记》《城堡》《审判》等许多不朽的巨著。

这个男孩后来成为了20世纪上半叶世界上伟大的文学家，他的名字叫卡夫卡。

在我们每个人身上，总有一些特质，让我们觉得是一种负担，甚至是缺陷。其实，如果是你身上很难改变的一种特质，如相貌、性格等，你不妨给自己换一个环境，一个让你的这些特质得以发挥的环境。要知道，当一只雄鹰一头扎进大海，羽毛就成了让它丧命的东西，而那在陆地上无法用来呼吸的鳃，却可以让鱼儿在水中畅游。不必对自己的一些看似不好的特质耿耿于怀，要相信"天生我材必有用"，换个环境，你之前的缺陷就可能成为使你战无不胜的利器。

把屈辱当作动力的源泉

30岁的文斯是个公司职员，收入微薄，业余时间在一家酒吧做兼职吧员。妻子总嫌他没出息，天天对他恶言相向。

一天，文斯被公司解雇了。落魄的他回到家中并没看到妻子，却发现地板上有一张纸条。他捡起来看了看，然后揉成一团，狠狠地扔进了垃圾桶，随即闭上眼睛瘫倒在地。妻子已对他彻底绝望，竟然不辞而别！家庭和事业的双重打击让文斯彻底崩溃了。此后，他像行尸走肉一样活着，脸上看不到一丝生命的气息。

几天后，正在酒吧上班的文斯看到一则电视新闻：沃梅尔成为费城老鹰队的新教练，宣布面向社会招募新球员，鼓励费城的球迷积极参加选拔。

酒吧里，从老板到所有职员，都是狂热的橄榄球迷。业余时间，他们经常在停车场组织比赛。文斯是酒吧的头号球星，同时也是老鹰队的铁杆球迷。然而，当时的老鹰队却和文斯同病相怜，都正在低谷中无助地挣扎。沃梅尔教练为了鼓舞士气，给球队带来一点儿新鲜的刺激而想出了这个主意。大家都鼓动文斯去参加选拔，可文斯本人连连摇头。经历了一连串的打击后，他对自己已彻底失去了信心。

下班回家，文斯打开电视，又看到了那条新闻。他忽然想起了什么，抱起垃圾桶一阵狂翻，找到了妻子留下的那张纸条，然后把纸条塞进了口袋里。

一星期后，文斯参加了选拔赛。凭借惊人的爆发力，以及高中时参加过一年训练打下的根基，他成了上千名参选者中唯一的幸运儿。

美式橄榄球，被称为世界上最男人的运动，球员从头到脚都要用护具层层包裹，对抗的激烈程度可想而知。因此，几乎没有人看好这个已经30岁的兼职吧员，有的媒体称他为"费城南部的傻帽儿"。此外，文斯对职业比赛一无所知，在参加训练时出尽了洋相。队友们时常挖苦他说："老家伙，早点儿回家吧！这不是你该来的地方。"但是，文斯没有放弃，依然每天拼命训练。他把妻子留下的纸条带进了更衣室，压在自己的球衣底下。每天训练前，他总是先把纸条拿出来认真看一遍，然后换上球衣赶去球场。

集训结束后，文斯以优异的表现征服了沃梅尔教练，出人意料地进入了参赛名单。

不久，老鹰队主场迎战纽约巨人队。比赛开始前，文斯坐在休息室里，喧闹的球场气氛让他热血澎湃。他从球衣底下拿出那张纸条，凝视片刻，然后把它撕得粉碎，从容地走出了休息室。比赛中，文斯在最后一分钟力挽狂澜，帮助老鹰队夺取了一场久违的胜利。赛场沸腾了，"傻帽儿"成了费城的英雄。

那场比赛后，文斯逐渐成为球队的灵魂人物。在他的精神感召下，老鹰队上下团结一心，士气空前高涨，最终杀入了"超级碗"决赛。文斯以30岁"高龄"，在老鹰队效力了三个赛季，书写了橄榄球史上、乃至美国职业体育史上的一个传奇，同时也为美国社会注入了一针强心剂。当时，"水门"丑闻余波未平，加上越战伤痛和能源危机，使得整个美国社会感到消沉与迷茫。文斯以亲身经历告诉人们：相信自己，一切都不算晚！

多年以后，当人们重提旧事时，文斯说："我应该感谢那张纸条。"

纸条上写着："你是个窝囊废，永远一事无成！"

他人的侮辱，可以打击你，也可以激励你。被别人的侮辱击垮，那是懦夫的表现。让辱骂声和你的心灵强烈地碰撞吧！让碰撞后的火花，激发你全部的热情与能量，向所有人证明：我，不是一个懦夫，而是一个英雄！

掌控自己，收放自如

不要让愤怒之火烧起

从前，有一个脾气很坏的男孩。他的爸爸给了他一袋钉子，告诉他，每次发脾气或者跟人吵架的时候，就在院子的篱笆上钉一根。第一天，男孩钉了37根钉子。后来，他逐渐学会了控制自己的脾气，每天钉的钉子数量也逐渐减少了。他发现，控制自己的脾气，实际上比钉钉子要容易得多。终于有一天，他一根钉子都没有钉。他高兴地把这件事告诉了爸爸，爸爸说："从今以后，如果你一天都没有发脾气，就可以在这天拔掉一根钉子。"

日子一天一天过去，最后，钉子全被拔光了。爸爸带他来到篱笆边上，对他说："儿子，你做得很好，可是看看篱笆上的钉子洞，这些洞永远也不可能恢复了。就像你和一个人吵架，说了些难听的话，你就在他心里留下了一个伤口，无论你怎么道歉，伤口总是在那儿。要知道，身体上的伤口和心灵上的伤口都一样难以恢复。"

在生活中，切不可因一时冲动而用激烈的言语伤害别人。如果你伤害了一个善良的人，就是伤害了一个善良的灵魂，在他的心中留下永远的伤痕，甚至会让他弃善从恶；如果你伤害了一个恶毒的人，报仇的烈焰会将你们一并吞噬。所以，一定不能让愤怒之火在心中烧起，更不能让自己在怒火的操控下口不择言。

战胜心中的恐惧

伍华德在美利坚航空公司做了十几年的接线员，经常会接到飞机失事前夕或出了某种故障而请求援助的电话。打电话的人通常不是大声呼救，就是绝望地哭泣，有的甚至哽咽得连话都说不出来。每当这时，伍华德就需要一边在第一时间通知飞机控制中心，一边像安慰孩子一样安慰他们。但有一次通话，却令伍华德毕生难忘。

一天，一架美利坚航空公司的飞机起飞不久，伍华德身边的电话就响了起来。他拿起电话后，一个异常冷静的女性声音从电话里传来：

"我是11次航班的3号乘务员。我们的飞机已经被劫持，商务舱有人被刺伤了，有人在商务舱施放了毒气，我感到呼吸困难，其他乘客也一样。"

"明白。请你描述一下在商务舱被刺伤的人员情况。"

"乘务长和1号乘务员被刺伤，商务舱现在无法进入，因为在那里没办法呼吸，而且劫机者堵住了路，无法给驾驶舱打电话。"

电话里不时地传出人们奔跑、喊叫、哭号的声音，但这位女士的声音十分镇定。随后，她又向伍华德提供了其中4名劫机者的座位号码。伍华德记录完毕后立即把电话转到了控制中心，又问了两个问题，电话就掉线了。整个通话过程中，这位女士的语气一直很平和，根本听不出半点儿慌乱。怀着对这位女士的深深敬意，伍华德放回电话，开始为她和机组人员的平安祈祷。

然而悲剧还是发生了。这架被劫持的飞机撞击了美国世贸大楼，机上人员全部罹难。这一天的日期是2001年9月11日。

这位英勇无畏的女士，名叫邓月薇，是位美籍华人空姐。正是她冷静、镇定地将情况第一时间转告了地面，使美国政府立即关闭全国机场，停止所有飞行航班，从而避免了更大的损失，拯救了更多的生命。她的英勇事迹在美国广为流传，美国总统布什为她的亲属颁发了奖状，称她为"美国的英雄"。在她的出生地旧金山市，政府还专门设立了"邓月薇日"，以纪念这位勇敢的女士。

伍华德事后接受采访时说："一位女士能在危难中表现得如此镇定而又专业，使我毕生难忘。虽然这是一个惨痛的回忆，但能与勇敢的邓月薇有过一段长长的通话，使我感到十分荣幸，我深深敬佩邓月薇女士，她是我们美国人的英雄，我们为她感到骄傲！"

恐惧，是危难时从人们心里生出的魔鬼，它会让人陷入慌乱，失去理智。但是请记住，即便面对万劫不复的危机，我们也有能力凭借自己的力量战胜恐惧，让自己恢复镇定，耐心地在绝望中寻求转机。在危难中能够克服恐惧保持镇定的人，就可以称之为英雄。

不要陷入他人的评论

有一个小男孩，喜欢音乐，父母便为他请了老师。老师请来了，小男孩却不爱在老师的指导下拉琴，老师叹了口气，说："这小孩子将来绝对成不了作曲家。"

有一个年轻人，本来是学医学的，后来却要放弃，转而去研究植物、昆虫等，被父亲骂作不干正事、游手好闲。

有一个喜欢思考的人，收了一群弟子，被别人指责为"把好好的青年都带坏了"。

有一个喜欢足球的人，被别人贬为"对足球知之甚少，更甭提在赛场上冲锋陷阵了"。

有另外一个小男孩，他说话很晚，认字也很晚，被老师骂作大笨蛋，只会做白日梦。

还有另外一个男孩，他上小学时成绩很差，被老师和同学叫作呆子。

一个喜欢雕塑的小男孩被父亲骂作白痴，在众人眼里也是前途无"亮"，他去考艺术学院三次都不中，家人全都对他失望至极。

一个大学生，在学校里成绩很差，老师认为他既不聪明，对学习也不感兴趣。

上面这些人，他们的名字分别是：贝多芬、达尔文、苏格拉底、文斯·伦巴第、爱因斯坦、牛顿、罗丹和托尔斯泰。

看到这些伟大的人物曾经获得过的评价，你一定瞠目结舌吧？所以说，面对他人对自己的负面评论，陷入恼怒与彷徨是最愚蠢的表现。他人的评论，无法左右你的成败，而且任何一个人都不可能做到让所有的人都喜欢自己。朝着自己认准的目标前进吧！只有成功才是硬道理。

为他人的出色表现真心喝彩

聂卫平是我国围棋名宿，一生多次获得国内外重大比赛的冠军，尤其在1985年第一届中日围棋擂台赛上，在小林光一九段连胜中方6位棋手的情况下，孤军作战的聂卫平力挽狂澜。他连克小林光一、加藤正夫以及主将藤泽秀行三大日本高手，书写了中日围棋对抗史上的一段神话，也为自己赢得了"棋圣"的称号。

然而有一次，聂棋圣却在比赛中败给了一位默默无闻的新人。面对各方面的质疑，聂卫平显得非常平静，他写了一篇《没拿冠军，我也高兴》的文章，来表达自己被新人超越后的心情。文章中有这样一段话：

"当年我们战胜了老一代棋手，今天小将们又脱颖而出战胜了我们，这正说明，我国的围棋事业在不断地前进着。我真心地为这种进步而感到高兴！真心地为新人们的成功而喝彩！我相信，中国围棋必将会有更加优秀的新人涌现！"

聂卫平对后辈的坦诚鼓励，赢得了人们的称赞和尊重。

生活中有这样一些人，唯恐别人超越自己。一旦发现别人在某些方面超过了自己，就心生妒忌，无中生有地诋毁别人。这种善妒之人，只会永远生活在战战兢兢和苦闷忧虑当中。

世上的万事万物都是千变万化的，没有人能永远处于不败之地。与其妒忌别人的成功，不如以一颗坦荡的心看待别人的进步，真心地为他人的成功喝彩，这样不仅能赢得别人的尊重，自己的内心也会获得平静和快乐。善妒之心是人性的毒瘤，而为他人喝彩，才是一种精神的升华和对生活的正确领悟。

得意时不可忘形

左宗棠是晚清政坛的风云人物，亲自参与了平定太平天国、洋务运动、镇压陕甘回变和收复新疆等重要历史事件。关于左宗棠其人，有过这样一则轶事。

据说左宗棠酷爱下棋，而且技艺高超，鲜有敌手。有一天，他微服出巡，在街上看到一块大招牌，上面写着"天下第一棋手"，招牌旁边坐着一位老人。左宗棠明白这老人是在摆棋阵寻找对手，但自称"天下第一高手"未免太过狂妄。于是他前去挑战，没有想到老人不堪一击，连连败北。左宗棠洋洋得意，命他把那块招牌拆了，不要再丢人现眼。

几年之后，左宗棠从新疆平乱回来，见老人连同那块招牌还在原地，非常生气，又去和老人下棋，但是这次竟然三战三败，被打得落花流水。第二天再去挑战，仍然惨遭败绩，他惊讶于老人的棋艺进步之神速。

看着左宗棠茫然的表情，老人笑着说："上次我一看就知道你是左公，而且知道你即将出征，所以让你赢，好使你有信心立大功。如今你成功归来，我必须要赢你，这是为了让你明白：左公你虽然为朝廷立了大功，但万不可过于招摇，事事还应低调为先啊！"左宗棠恍然大悟，这才明白自己遇上了世外高人，对老人的话拜服不已。

当自己做事情一帆风顺的时候，一定不要得意忘形，否则引起善妒之人的忌恨，自己就无安宁之日了。当别人夸赞你的成就的时候，你也不必急于否定自己，而是应该多强调别人对自己的帮助，多讲别人的功劳。任何人都不是傻瓜，你的这一做法非但不会让别人把你看扁，反而会让本就佩服你的人更加欣赏你，企图打击你的人也会对你平添几分敬佩。

识别他人情绪，
是情商中的莫大智慧

试着换位思考

1936年12月12日，杨虎城、张学良两位将军在西安对蒋介石实行了军事软禁，敦促蒋介石"停止剿共，改组政府，出兵抗日"，这一事件史称"西安事变"。事后，蒋介石拒绝退让，南京方面也对张、杨二人磨刀霍霍，就连苏联也指责西安事变为一次"军事阴谋"。骑虎难下的张学良电请中共派人商谈如何对待蒋介石，周恩来作为代表前往。

见面之后，张学良对周恩来说："我俩实在是忍无可忍。倘若不捉他，不临之以兵，就无法使他猛省。内战不停息，抗日只能是一句空话。现在张某已是举步维艰。更令人气愤的，这是我们中国人自家的事，他们苏联凭什么横加指责！"

"苏联的态度，请张将军不必介意，他们并不太了解我国的实际情况。中共对你和杨将军的爱国热忱深表钦佩和敬意！扣蒋抗日，符合全国人民的心愿，也一定会成为转变中国历史的一个重要事件。"周恩来望着张学良，尽量放缓语气，字斟句酌地说，"可是这次捉蒋是出其不意、乘其不备进行的，而他的武装实力可是原封未动。在抗日民族统一战线政策和全国抗日运动高潮推动下，蒋帐下的将士们抗日情绪日益高涨，从各方面考虑，对蒋的处理是极需慎重的。"

接着，周恩来详细分析了西安事变后各方的反应及可能出现的变故。最后，他坦然表示，只要蒋改变态度，同意抗日，就应当体面地释放他，并拥护他做抗日民族统一战线的领袖。

张学良听得全神贯注，对周恩来的深刻见解十分佩服。事变以来，国内情况瞬息万变，处于风口浪尖上的张学良问策无人，彷徨束手，周恩来一席话可谓雨后甘露，价值千金。张学良当即赞同道："张某对您和毛先生的意见一向是很尊重的，既然中共都同意和平解决，那我还有什么话说呢？"

至此，周恩来完全掌握了谈话主动权。事后，张学良说了这样的话："周到此时，俨然为西安之谋主矣。"从此，张学良终其一生都对周恩来佩服不已。

整个对话过程中，张学良没有提过任何问题，但周恩来知道他心中至少有三个问题：中共对苏联声明的态度如何？中共本身对事变的态度如何？中共对事变的处理有何意见？胸有成竹的周恩来到达西安之后，立即反客为主，一气呵成，字字句句都正中张学良的心窝，不仅帮他解除了困惑，还顺利地让他接受了"抗日民族统一战线"这一理念，从而成功完成了一次足以左右中国命运的沟通。而周恩来"替"张学良想到的这三个问题，正是完成这次沟通的关键。

周恩来是如何想到这三个问题的呢？在赴西安之前，周恩来做了怎样的功课，我们没法知道，但我们可以想象一下，如果周恩来把自己放在张学良的立场上，是不是很快就能猜透张学良此时心中的困惑和难言之隐呢？然后，他再回到自己的立场，从第三者的角度进行分析，是不是就能很快找到这些问题的答案了呢？这种方法，就被称为"换位思考"，简单解释起来，就是先站到他人的立场发现问题，然后回归自己的立场解决问题。换位思考，不仅是一种技巧，更是一种智慧，周恩来堪称使用这种智慧的高手。

富有同情心，才能让别人敞开心扉

周越吃过午饭，化了个淡妆，对着镜子整理一下警服，然后出门了。她要去见一个特殊的"约会"对象。

不一会儿，她来到了自己的工作单位——番禺监狱女警矫治中心。她坐到自己的位置上，打开可视电话，屏幕上出现了一个男子。

这名男子叫阿跃，是个在监狱服刑的犯人，因在一个月内绑架了11人而被捕，而他的作案目的只是想找这些人聊天。入狱后的阿跃是让每名狱警都很头疼的"硬骨头"，对监狱改造教育的抵触情绪很大，还有很大的暴力倾向。去年11月底，女警周越开始与他接触。

一开始，阿跃戒备心很强，几乎一言不发。周越也不急于进行心理分析和辅导，只是通过一般性问话让他减轻压力。临走前，阿跃表示愿意通信，把内心的苦恼向周越表达，双方建立了基本信任。

之后的两个月内，阿跃给周越连写了几封长信，倾诉从小到大的遭遇：童年的阴影，成长的波折，家庭的不幸，创业的挫败……周越意外地得知，这个看似魔鬼一样的男人，竟然爱好写小说。他细腻而深沉的文笔下，藏着一颗孩子般纯洁、敏感的心，只是这颗心已经被生活折磨得伤痕累累。读了他的信，周越对他充满了同情，每次见面，他们都能聊很久。周越把同情之心化作温柔的话语，轻轻擦拭着阿跃心中的伤口。

渐渐地，阿跃在她面前敞开心扉，内心的痛苦得到很大缓解。他对周越的称呼也有了变化：从"周警官"到"周老师"，再到"周姐"。前不久，得知老家女友已和别人订婚后，阿跃想砍掉手指来发泄心中的痛，被狱警发现及时制止了。悲痛欲绝中，阿跃首先想到了周姐，因为她是唯一能够帮助自己的人。

一见到周姐，阿跃的眼圈就红了。周越也十分难过，便对他说："如果哭出来会觉得舒服，你就哭吧，没关系。"在周姐面前，阿跃再也压抑不住自己，在屏幕的另一边放声痛哭。他毫无顾忌地流泪，倾诉自己的悲伤与失落。在周越的开导下，他逐渐放宽心，恢复了平静。现在，他重新拿起笔，又开始写小说了。他要用手中的笔，描绘自己获得重生的心灵，勾勒出狱后充满希望的崭新生活。

一个自闭的人，必然经历过他自己无法承受的巨大痛苦，而同情心的力量，可以让他封闭的心重新打开，让一个暗淡的灵魂重现光辉。真心地同情一个人，就是要让对方感觉到，你在和他一起承受心中的痛苦，因此他觉得有义务让你知道更多的事情，一个因受伤而尘封的心灵就这样被打开了。

小心提防人性的阴暗面

明英宗年间，蒙古人建立的瓦剌政权是北方大患。1449年，瓦剌首领也先率领大批兵马来犯。明英宗接受了宦官王振"御驾亲征"的提议，结果在土木堡遭到蒙古人袭击，不但全军覆没，自己也成了蒙古人的俘虏。

消息传来，京城大乱，许多臣子都建议迁都，到南京暂避风头。兵部侍郎于谦独排众议，从各地调集兵马巩固京师的防卫，同时日夜打造兵甲武器、储备粮食，并严惩了罪魁祸首王振。随后，他又拥立了英宗的弟弟成王为帝，使军民士气为之一振，让也先"挟皇帝以侵中原"的阴谋化为泡影。当也先挟持着英宗攻到城下时，于谦亲自披挂上阵，击溃了也先的军队。也先见获胜无望，就放回英宗，引残兵败将仓皇逃回了大漠。

英宗回来后，就留在宫中和已经即位的弟弟展开了明争暗斗。继位的代宗一直对英宗暗藏杀心，却不忍心下手；坐冷板凳的英宗一心想要恢复王位，但找不到机会。

后来代宗生病，英宗趁机发动政变，重掌朝纲。英宗一上台，立刻反攻倒算，把谋反的罪名扣在于谦头上，将于谦斩首示众，留下了明朝历史上最大的冤案。一直到于谦死后第八年，才有人帮他平反。于谦一片赤胆忠心，却换来这样悲惨的结局，让后人扼腕不已。

抛开细枝末节，当也先携英宗兵临京城下时，于谦面对的实质上是这样一个选择：忠于皇上还是忠于朝廷。那个年代的知识分子，从小接受的都是"忠君爱国"的教育,但当"君"和"国"出现分离的时候(当然这种情况极少见),如何选择就见仁见智了。于谦选择了忠于"国",真正做到了"粉身碎骨全不怕,要留清白在人间"。或许他幻想着英宗和代宗一样忠于国家,能理解自己的全部想法,但他忽略了一个问题:人性是有阴暗面的。

首先,我们必须承认这样一件事:对于在生死边缘徘徊的人来说,求生的本能会让他暴露自己最阴暗的一面。我们无法确定,英宗被俘后,有没有为祖宗基业献身的觉悟,但可以肯定,他目睹了惨烈的战况。刀光剑影之中,随时有可能误伤到自己,此时的英宗的脑子里极有可能闪过了这样一个念头:如果我死在这里,力主抗战的于谦就是杀害我的凶手。这一想法在对死亡的强烈恐惧之下,形成了根深蒂固的印象,使他蒙蔽了双眼,混淆了视听。其实英宗应该明白,在

当时的条件下，于谦做的选择是符合"大义"的。倘若再发生一次"土木堡之变"，于谦必然做出同样的选择，大明的江山仍将屹立不倒，而自己还会有这么好的运气吗？因此他在重新掌权之后，毫不犹豫地杀死了于谦。

说句题外话，英宗逃回京城也并非明智之举，因为他同样忽略了人性的阴暗面。试想，如果于谦为求自保而向代宗建议杀死英宗呢？在当时，这对于谦来说并不困难。但于谦没有这么做，与其说是"忠义"使然，倒不如认为是他没有看清这里面的利害关系。

在办公室政治中，我们也许会遇到类似的问题。到那时，你会如何选择呢？在此，我们建议你在做决定之前考虑清楚，你的生死现在掌握在谁的手里？将来又将掌握在谁的手里？如果选择错误，那么无论你当初的做法为公司挽回了多少损失，在整个事件中你有多么努力，恐怕都无法帮你摆脱最终出局的命运。

玩转人际关系的魔方

世界首富比尔·盖茨和世界第二富翁沃伦·巴菲特同为精英中的精英，他们之间的英雄相惜也被人们传为佳话。巴菲特多次公开说，此生最了解他的人就是盖茨，而盖茨尊称巴菲特为自己人生的老师。

但是你也许不知道，这两人之间曾有过很深的偏见：盖茨认为巴菲特固执、小气，靠投资发财，不懂技术，落后于时代；巴菲特则认为盖茨不过是个运气好、靠时髦玩意儿赚钱的小毛孩子而已。

1991年的春天，盖茨收到了一张华尔街CEO聚会的请帖，主讲人就是巴菲特。他不屑地把请帖丢到一边。盖茨的母亲把请帖捡回来塞到他手中，说道："我觉得你应该去。巴菲特能有今天的成就，必有其过人之处，或许恰好可以弥补你身上的缺点。"盖茨恍然大悟，决定认识一下这位比自己年长25岁的前辈。

在会议室，巴菲特见到盖茨后，傲慢地说："啊哈，这不是那位非常幸运的年轻人吗？"盖茨听了很生气，但他想了想自己此行的目的，便真诚地鞠了一躬，说："我很想向前辈学习。"巴菲特不由得一惊，盖茨的涵养与真诚给他留下了深刻的印象。

会议开始前的一段时间，巴菲特和盖茨有意坐到一起，聊起彼此的人生经历和对世界经济的看法。两人惊奇地发现，他们有太多的共同点：都是白手起家，热衷冒险，不怕犯错……不知不觉一个多小时就过去了。被催促着来到演讲台上的巴菲特，开口就说了这样的话："今天我第一次和比尔·盖茨交谈，他是一个比我聪明的人……"

随着交往的深入，盖茨逐渐认识到巴菲特身上的可贵之处：他并不是一个守财奴，相反对金钱有着超凡脱俗的深刻见解，认为财富应该用一种良好的方式回馈给社会，而不是留给子女；他对家庭有着深沉的爱，每当妻子生病，他都守候在身边，还写了30本日记记录三个孩子的成长历程；他积极投身慈善事业，计划在自己离世后，把全部遗产都捐献出去；他对待朋友非常真诚，每一个与之交往的人都被他的人格魅力深深打动……

巴菲特也对年轻的盖茨非常信任。2006年6月25日，巴菲特的妻子不幸去世，巴菲特决定把370亿美元的财产捐给盖茨的慈善基金会。他动情地说："我之所以选择盖茨和梅琳达（盖茨的妻子）慈善基金会，一是因为我认为它是世界上最健全的慈善组织，再有就是我十分信任盖茨和梅琳达，他们都是诚实的人。"

人与人之间一旦存在偏见，就无法深入、真切地了解对方，就算是像盖茨、巴菲特这样有智慧的人也不例外。只有摒弃偏见，抱着"他或许恰好可以弥补你身上的缺点"的态度和别人交往，才能让自己的心更加接近对方，进而发现对方身上的闪光点，日久天长，你将获得意想不到的收获。

善于倾听

"斯帕克斯"是纽约一家著名的餐厅，在这里经常能看到一些社会名流的身影。这天晚上，金牌律师大卫·伯依斯是餐厅最耀眼的客人。他是业界炙手可热的人物，在前不久美国司法部控告微软违反《反托拉斯法案》的案件中，他的精彩辩论让人记忆犹新。刚进餐厅的伯依斯一眼就看到了老朋友凯文，径直走向了凯文所在的餐桌。

凯文此时正在和自己的另一位朋友汤姆喝酒，见伯依斯走来，热情地邀请他一起品酒聊天。汤姆是一名刚出道的律师，见名声如雷贯耳的业界前辈伯依斯出现在面前，而且和自己在一个桌子上喝酒，难免有些兴奋和紧张。

几分钟后，凯文出去接一个电话，餐桌前只剩下伯依斯和汤姆两人。汤姆紧张得不行，但伯依斯很快用轻松的话语打破了令人尴尬的沉默，和汤姆聊了整整半个小时。后来，汤姆在日记中写道："太不可思议了！今天我见到了大律师伯依斯，而且和他聊了这么久。要知道，他可是律师界的大红人，而且和我素昧平生，本不用理会我这个小人物的。他过人的智慧、尖锐的言辞和吸引人的轶闻趣事让人折服，但我印象最深的，是他每问一个问题之后，都会静心地等待我的回答。他使我觉得，整个餐厅似乎只有我一个人！"

"整个餐厅似乎只有我一个人"这句话很好地概括了"倾听"的含义。所谓倾听，就是让对方有一种成为焦点的感觉。和别人交流的时候，自己喋喋不休了半天，对方好像一直在看着别处。这时，你不如选择一个对方感兴趣的话题，把话语权交给对方，自己当一个倾听者。倾听是一种风度，也是一种智慧，更是一种尊重，它能让对方觉得你很有涵养，并觉得从你那里获得了尊重，从而愿意主动和你接近。

避免不必要的争论

两个人站在乡间的一条路旁，喋喋不休地争执着是谁想出了草船借箭的主意。一个人说是诸葛亮，而一个人说是周瑜，并且用50块钱打赌。这时，走来了一个白发苍苍的老人，两人就奔上前去，请老人给出一个正确的答案。

老人听了，笑呵呵地看着两个人，说："草船借箭的主意是周瑜出的。"于是，认为是诸葛亮出主意的人输掉了50块。

赢的人得意洋洋地拿着钱走了，输的人气急败坏地质问老人："你怎么会给出如此荒唐的答案？难道你也不知道真相吗？"

老人说："当我听说你们争论的问题的时候，差点儿笑出来。争论这个有意义吗？虽然你输掉了50块钱，而他要在别人面前出一次大丑。

你说，到底谁是这场争论的赢家呢？"

有很多的人，尤其是年轻人，喜欢就一个无聊的问题和别人争论不休，非要把对方辩驳得理屈词穷不可。可你是否发现，很多的争论到最后仍是各执一词、毫无结果？这就是无聊问题的无聊之处。这个故事告诉我们，对于无聊问题的争论，永远不会有赢家。一旦有人要和你争论，你就附和一下对方的意见，直接让争论结束吧！人生短暂，还有很多有意义的事情等着我们去做呢！

把意见裹上一层糖衣

这是一座风景秀丽的山，一位须发皆白的老人住在山腰上，谁也不知道他的确切年龄。然而当地人无论男女老少，都非常尊敬他，遇到大事小情都愿意来找他，请他提些忠告，但是老人总是笑呵呵地说："我能提些什么忠告呢？"

一天，一位年轻人在劝说弟弟不要逃学时和弟弟发生了口角。争吵中，弟弟说的话让他十分伤心，无奈之下他来向老人寻求帮助。老人见他哭得很伤心，便从屋里拿出两块窄窄的木条、一撮螺钉、一撮直钉、一个榔头、一把钳子、一个改锥。老人拿起锤子往木条上钉直钉，但是木条很硬，他费了很大力气也钉不进去，倒是把钉子砸弯了好几个。然后，他又用钳子夹住直钉，用榔头使劲儿砸，钉子总算歪歪扭扭地往木条里钻了。但当钉子眼看要钉进去的时候，那根木条随着一声脆响裂成了两半。最后，老人拿起螺钉、改锥和锤子，把螺钉往木板上轻轻一砸，然后拿起改锥拧了起来，没费多大力气就把螺钉钻进了木条里。

年轻人好像明白了什么，又好像什么都没看懂。老人指着两块木板笑了笑，说："忠言逆耳，那是笨人的笨办法。你也看到了，用榔头使劲儿地砸直钉，要么把钉子砸弯，要么把木头砸劈，总之两败俱伤，最终归于失败。人也是一样，把话说得很难听，还强迫人家接受，最终只能是说的人生气，听的人上火。因此我的经验就是——尽可能不给别人提任何意见。当必须要指出别人的错误的时候，也要像螺钉一样婉转曲折地表达自己的意见和建议。"

社会是丰富多彩的，并不是每个人做的每件事都符合你的价值观，因此不要无事生非，对与自己无关的事情指手画脚，这样只会给自己四处树敌。当遇到和自己有关的事情，不得不提出意见的时候，一定要注意措辞，选择一种对方可以接受的方式说出来。良药未必苦口，即使药真的很苦，只要外面裹上一层糖衣，一般人也是可以轻松服下的。

感谢别人的建议

勘弥是日本歌舞伎大师。一次，他扮演古代一位徒步的旅行者。正当要上场时，他的一个学生提醒他说："师傅，你的草鞋带子松了。"

他回答了一声："谢谢你呀！"然后立即蹲下，系紧了鞋带。

当他走到学生看不到的舞台门口处时，却又蹲下，把刚才系紧的带子弄松。因为松垮的草鞋带子，更能表现这个旅行者长途旅行的疲态。演戏细腻到这样，不愧是大师级的人物。

整个过程，被一名记者看到了。演出结束后，这位记者问勘弥："你为什么不当即指教学生呢？"

勘弥回答说："别人关爱与好意必须坦然接受。有的是机会教导学生演戏的技巧，然而在今天的场合，最重要的是要以感恩的心去接受别人的提醒，并给予回报。"

在他人给你建议或指正你的缺点时，恼羞成怒，固执地争议其中的是非对错，只会让别人的关切与善良之门朝你关闭。要相信别人的意见是出于善意，以感恩的心去接受别人的提醒，并适时给予回报，这样才会有更多的人乐于帮助你。

把别人逼入绝路，也是把自己置于险境

刘备平定益州后不久，东吴大将吕蒙"白衣渡江"，偷袭了关羽镇守的荆州。关羽败走麦城，被吴将潘璋、马忠生擒，宁死不降，被孙权斩首。噩耗传到成都，刘备昼夜哭泣，血泪衣襟，扬言要出兵踏平东吴，为二弟报仇。

正在阆中镇守的张飞听说二哥遇害，悲愤欲绝。众将以酒劝解，本就脾气暴躁的张飞，酒醉后怒气更大，帐下士兵只要出现过失，张飞就鞭打他们，以至于多有被鞭打至死的。刘备准备起兵的消息传到阆中后，张飞下令三日内制办白旗白甲，三军挂孝伐吴。

次日，帐下两员偏将范疆、张达入帐禀报张飞："白旗白甲，一时无法置齐，将军可否宽限几日？"张飞怒目圆睁，喝道："我急于报仇，恨不得明日便到逆贼之境，你们怎么敢违抗我的将令！"就让武士把二人绑在树上，每人背上鞭打五十下，打得二人满口鲜血。张飞用手指着二人说："明天一定要全部完备！如果违了期限，就杀你们两个人

示众！"

二人回到营中。范疆说："今日受了刑责，哪还有气力再去筹办？这个人性暴如火，如果明天置办不齐，你我难逃一死啊！"张达说："与其等他杀我，不如我去杀他！"范疆说："张飞勇猛无敌，我们如何接近他？"张达说："不如赌一次。如果我们命不该绝，老天就让他醉在床上吧！"

二人商议停当。当晚张飞果然又喝得大醉，卧在帐中。范、张二人探知消息，初更时分，各怀利刃潜入帐中，割下张飞的首级，连夜逃到东吴去了。

在长坂坡横刀立马、喝退百万曹军的猛张飞，最终竟被部下害死于帐中，令人惋惜。其实，范、张二人也是走投无路，若不这样做，第二天死的就是他们。换言之，是张飞将他们逼上了绝路，他们才不得不铤而走险。

下过围棋的人都知道，奋力搏杀肯定会露出许多破绽，盘面落后的人经常用这种方法制造混乱、寻找转机，而盘面领先的人绝不会冒这个险。如果你盘面领先，还企图将对方赶尽杀绝，一定会遭到对方的强烈反击，本来优势明显的局面就会变得扑朔迷离，一招应对不慎，大好局势很有可能彻底葬送，让自己吞下惨败的苦果。力的作用是相互的，在生活中这条定理同样适用，如果你已经处于强势地位，就应该抱着"得饶人处且饶人"的态度对待别人，不仅可以维持现状，还能避免对方因走投无路而拼死一搏，给自己造成无法挽回的损失。

道森先生家的院子，种着全镇最好的苹果，但是没人敢去摘，哪怕是掉在地上的也不敢去捡。因为大家都知道，道森先生是一个有着一身臭脾气的小老头儿，一旦看见你摘他的苹果，他就会端着把小型汽步枪来赶你走。

一个星期五的下午，珍妮特打算跟艾米去她家过周末，道森先生家的门前是去艾米家的必经之路。当两个小姑娘走到道森先生家附近时，看见道森先生正坐在前廊里，珍妮特建议走马路的另一边。

艾米却说："没关系的，道森先生其实是个很和蔼的人。"

珍妮特还是非常害怕，每向道森先生的房子走近一步，她的心跳就会加快一分。当她们走到道森先生的门前时，道森先生抬起了头，像往常一样紧锁着眉头。但当他看到是艾米时，原本紧绷着的脸顿时绽开了灿烂的笑容。

"哦，你好啊，艾米小姐，"他说，"今天有位小朋友和你一起走啊！"

艾米也对他报以微笑，并告诉他她们将一起听音乐、做游戏。道森先生说，这听起来真是不错，并给她俩每人一个刚从树上摘下来的苹果。两个小姑娘接过又大又红的苹果，心里高兴极了，道森先生的苹果可是全镇最好的苹果啊！

和道森先生告别之后，艾米解释说："第一次从道森先生家门前经过的时候，我也非常害怕。但是，我告诉自己，道森先生是面带微笑的，只不过那微笑被隐藏起来了而已。""隐藏起来的微笑？"珍妮特有些听不懂。

"是的，"艾米答道，"所以，每当看到道森先生，我都会对他报以微笑。终于有一天，道森先生也回敬了我一个微笑。又过了一段时间，道森先生真的开始对我微笑了，那是一种发自内心的笑容，我能看出来。不仅如此，他还开始跟我打招呼。现在，我们经常聊一些生活中的趣事。"

停顿了一下，艾米继续说："其实，所有人都会微笑，只不过有些人的笑容隐藏起来了而已。因此，我对道森先生微笑，道森先生就会对我微笑。微笑是可以互相感染的。"

生活中，我们总是身陷日常生活与工作的琐碎之中，时间一久，就

把自己的微笑隐藏起来了。"微笑是可以相互感染的"，这话没错。一个微笑，可以让恼怒的人平息怒火，让疲惫的人恢复精神，让绝望的人重获希望。微笑就是有如此大的魔力。不相信？那就请试试吧！结果绝不会让你失望的。

不要无故对人失礼，即使那个人名声很差

查尔斯小的时候，常在父亲开的杂货铺里帮忙。在那儿工作的都是成年人，父亲希望儿子能从他们身上学到一些有用的东西。

杂货铺里有一个人，伙计们背地里都叫他"堕落的老家伙"，因为大家都知道他对妻子不忠。从道德上讲，他绝对不是一个值得尊敬的人。

查尔斯听过伙计们谈论这个人，所以也对他很不尊重。孩子们称呼其他成年男性都是"某某先生"，而对于他，却只愿意称呼为"乔"。

有一天，查尔斯的父亲听到了儿子与"乔"的对话，于是便把儿子叫到一旁："我曾经告诉过你，跟长辈说话一定要谦恭，但是刚才我听到你在大声叫'乔'。"

儿子解释说："那个家伙是个不道德的人，不配享有别人的尊敬。"

"他配不配是他的事，而你这样对待他是你的问题，现在失礼的是你，年轻人！"父亲说，"对一个人有看法，绝对不是你对他失礼的借口！"

父亲的话在查尔斯耳边回响了很久，成了查尔斯一生的警句，即使在他成为一位非常成功的商人之后也是如此。

当你对一个人失礼时，只会暴露自己的粗鲁与浅薄，降低我们在善良人眼中的地位。而对于那个被我们无礼对待的人，却毫无影响。即便那个人的名声很差，但那也是别人对他的评价，要了解一个人，还是要亲自与之接触。因此，"人云亦云"地对一个人失礼，绝不是一个高情商的人应有的表现。

理解和包容别人给予的耻辱

2002年夏天，姚明以历史上首个外籍状元秀的身份进入NBA。首次亮相时，他一分未得，出人意料地交了白卷。

当晚，由前NBA球星巴克利主持的体育脱口秀节目在TNT准时直播。谈起姚明，巴克利一脸轻蔑与不屑："他是来自中国的傻大个儿，根本不会打篮球。"他的搭档史密斯立即反驳："我却看好姚明的潜力，也许不久他就能拿到19分。"巴克利听了哈哈大笑，竟然当众与史密斯打赌："如果姚明能拿到19分，我就亲吻你的屁股！"

对姚明而言，这简直是奇耻大辱！此事迅速传到了中国，立刻引起轩然大波，不少人对巴克利口诛笔伐，并历数巴克利球员时期的斑斑劣迹，将他称作"恶汉"。然而，当事人姚明却选择了沉默，因为他知道，通过记者的话筒和摄像机回击巴克利毫无意义。

事隔不久，姚明迎来了机会。2002年11月18日，火箭队做客斯台普斯中心，挑战洛杉矶湖人队。面对缺少了奥尼尔的湖人内线，姚明在篮下随心所欲，接连得手。看台上早已沸腾，不断有人高喊："巴克利亲屁股！"此战姚明效率奇高，在22分钟的上场时间内，砍下20分6个篮板，火箭队也以93比89将湖人挑落马下。

当晚，巴克利的节目再次准时直播。为了避免行为不检，史密斯特意牵了一头驴进演播室以代替自己。众目睽睽之下，巴克利满脸尴尬，不得不硬着头皮亲了一口驴屁股，无数的中国篮球迷目睹了这大快人心的一幕。"恶汉"巴克利为自己的口无遮拦付出了代价，也算恶有恶报了。毫无疑问，此刻最痛快的人莫过于姚明，但很多人并不知道姚明是用什么样的言辞"回敬"巴克利的。

后来，美国纪录片《挑战者姚明》在国内发行，球迷心中的谜团终于解开。比赛刚结束，火箭队休息室里的电视上正在直播巴克利亲吻

驴屁股的镜头。顷刻间掌声雷动，队友们纷纷向姚明表示祝贺，聪明的记者也不失时机地给姚明递上了话筒，问他此时有何感想。姚明淡然一笑："我觉得巴克利很有意思，他没什么恶意，只是想制造点噱头而已。"此语一出，让队友和记者都感到了震撼。

任何一个人都不愿意遭受耻辱。当你遭受耻辱时，心胸要开阔一些，不要计较一时的荣辱，在合适的时机证明自己就可以了；当别人遭受屈辱时，千万不要落井下石，而要适当地为当事人开脱，即使做不到这一点，也要做到假装视而不见。这样一来，你将收获对方的感激和他人的敬佩，任何人都再也不敢轻视你。

切忌猜疑

曹操自赤壁大败而归后，开始集中力量对付盘踞西凉的大军阀马腾。他将马腾诱骗到许昌后杀死。马腾之子马超听说父亲遇害，便发起西凉之兵讨伐曹操。潼关一战，曹操被悍勇的西凉骑兵杀得大败，依靠"割须弃袍"和曹洪的拼死相救，才捡回一条命。

这时，马腾的结拜兄弟、西凉太守韩遂领兵前来支援马超。刚遭到惨败的曹军众将听后大惊失色，而曹操却计上心来，暗自欣喜。

为了和马超对峙，曹操在渭水边筑起土城，同时派大将徐晃领兵偷渡过河，绕到西凉兵背后扎营。马超大惊，便与韩遂分别调兵防守曹操和徐晃，每日轮换。一天，曹操见轮到韩遂防守自己，便趁机约韩遂出阵，凭借自己和韩遂的父亲曾共举孝廉这层关系，和韩遂在阵前闲聊了一个时辰。马超听说了这件事，立刻对韩遂起了疑心。

随后，曹操又施一计。他给韩遂写了一封信，当写到紧要的地方，就故意进行涂改，弄得字迹模糊不清，然后将信封严实，故意多派几个人送到韩遂寨中。马超听说后，立刻来到韩遂帐中。看过那封信后，他误以为是韩遂把紧要之处都涂抹掉了，便大声质问起来。韩遂有口难辩，就与马超约定：明日出阵，韩遂诱曹操出阵，马超就趁机冲出，一枪将曹操刺死。

翌日，当韩遂请曹操出来答话时，出迎的却是曹洪。曹洪说："昨夜丞相拜托将军的事，请不要耽误了。"说完拨马回阵。马超听得真切，勃然大怒，挺枪纵马直取韩遂，被将官们拦住，劝回营中。

当夜，走投无路的韩遂决定投降曹操。马超得知后，领兵杀来，曹操的人马也趁机杀来。一场混战后马超大败，身边只剩三十余骑，无奈之下去投奔了汉中张鲁。韩遂被马超砍掉一只手，虽然事后被封为西凉侯，但是手下兵将尽被曹操收编，只能拖着残臂在家养老了。

正是马超对韩遂的猜疑，导致了最后满盘皆输。曹操的计策，不过是抓住了这一点，然后无限放大而已。可见，猜疑绝对是人际关系交往的大忌，其最大的危害，就是让朋友迅速变成敌人，让真正的敌人乘虚而入。实际上，大部分的猜疑都是自己胡思乱想、无中生有的。

诚然，人与人很难达到百分之百的信任，猜疑情绪的出现有时不可避免，这时就需要及时、坦诚地沟通，来消除猜疑。有的时候，你也许感觉到有人在打自己的小算盘，然而只要没有确凿的证据，而且你们还在并肩作战，那么你就不能让猜疑从你的言行中流露出来。

如果几个人打算一起做一番事业，那么互相信任是基础中的基础，一旦出现猜疑，失败也就注定了。

是敌是友？

　　冬天即将来临了，一只麻雀准备飞到南方过冬。然而，突降的寒流让麻雀猝不及防。刺骨的寒风冻僵了它的翅膀，让它重重地摔在了一座农场的空地上。

　　麻雀的意识渐渐模糊，它感到死亡的阴影已经将自己完全罩住了。这时，一头正在旁边吃草的奶牛踱了过来，"哗"的一声在麻雀的身上拉了一泡臭屎。麻雀心如死灰："天啊，难道我在死之前，还要忍受这臭味的折磨吗？"

　　但是，出人意料的事情发生了：牛粪温暖了麻雀冻僵的身体，它僵

硬的翅膀也可以扑腾几下了。死里逃生的麻雀喜出望外，鸣叫着向奶牛道谢。

就在这时，一只猫刚好从此处走过。顺着麻雀的鸣叫声，猫走到了屎堆前，一眼就发现了麻雀，将它从牛粪里拖出来，一口吞进了肚里。

刚刚死里逃生，却又遭飞来横祸，这只可怜的麻雀运气还真是差到了极点。从这个故事中，我们可以悟出这样一个道理：一个人朝你泼污水，并不能说明这个人和你敌对，把你从污水里拽出来的人，也不见得是你的朋友。是敌是友，决不能因为某一件事而盖棺定论，否则，你不仅会失去很多真正的朋友，还会给自己带来意想不到的麻烦。

高情商人士的快乐人生

敞开胸怀，稀释痛苦

从前有一个年老的贤者，他的一个弟子总是抱怨生活的不幸。有一天，贤者派这位弟子去买盐。弟子回来后，贤者吩咐他抓一把盐放在一杯水中，然后喝下去。

"味道如何？"贤者问。

"太咸了。"弟子吐了口唾沫。

贤者又吩咐弟子抓一把盐放进附近的湖里。弟子照做了，贤者说："再尝尝湖水。"

弟子捧了一口湖水尝了尝。贤者问道："这次味道如何？"

"没有味道啊！"弟子答道。

"没尝到咸味了吗？"贤者问。

"没有。"弟子摇了摇头。

这时贤者对弟子说道："生命中的不幸就像是盐，只有那么多而已。但我们体验到的痛苦，却取决于我们将它盛放在多大的容器中。所以，当你处于痛苦时，不要做一只杯子，而要做一个湖泊。"

没错，同样一件事情，反映在不同人的心中，产生的效果是不同的。胸怀广阔的人，可以做到临危不乱，积极、冷静地寻找解决的办法。而心胸狭窄的人，就会纠结于事情本身无法自拔，不仅事情本身毫无转机，自己也陷入了无尽的痛苦之中。做个心胸开阔的人吧！痛苦将被稀释在你的心中，随着时间的流逝而消失得无影无踪。

不必苛求完美

有一家电台，在激烈的行业竞争中痛苦挣扎着，尽管台长用尽了一切办法，广告收入依然每况愈下，到最后连员工工资的发放都成问题了。

一天，台长一边听着本电台广播的一档新闻节目，一边苦思良策。

这个栏目是台长精心策划的。和其他录制后再播出的新闻节目不同，台长要求记者采访的新闻一律现场直播，以此来充分发挥电台反应迅速的特长。可听着听着，收音机里竟然传出了记者和主持人用方言说闲话的声音，这个严重的失误让台长暴跳如雷。原来，主持人在联系记者的时候，忘了关掉直播的按钮，他们说的几句闲话也通过电波被"现场直播"了。

为了电台的生存和发展，台长呕心沥血，已经竭尽全力，没想到员工们竟然如此拿工作当儿戏！强压怒火听完节目之后，他决定给办公室打电话，宣布解雇那两个员工。

就在这时，电话铃忽然响了。他抓起话筒，电话的另一边是一个激动的听众："是台长先生吗？你们的节目我每天都听。以前，我一直以为节目是事先录制好的，今天我才知道，你们电台的新闻都是现场报道。这太让人激动了！"

台长一时愣住了，过了半天才回答道："我们一直都是现场直播，难道您不知道吗？"

那听众说："我是刚刚才发现的，就在听到主持人和记者的闲话之后。"

后来，台长又收到了很多来自听众的反馈信息。听众对电台能够做到直播赞不绝口，却没有一个人批评主持人和记者的失误。台长陷入沉思之中：节目播出两年多了，听众的反应一直平平，而一个不可饶恕的失误，却让听众了解了自己的一片苦心，这到底是为什么呢？

经过几天的思索和与听众的交流，台长决定改变工作方法：他让员工有意地制造一些失误，好让听众了解一些电台工作幕后的事情；在一些节目中，他还让主持人和记者放弃高高在上的架势和冰冷生硬的语言，以普通人的身份面对观众，以拉近跟听众的距离。很快，听众迅速增多，随之而来的是源源不断的广告收入，电台奇迹般的起死回生了。而这所有的一切，都要感谢那个"不可饶恕"的失误。

我们总是尽最大的努力，把什么事都做得完美无瑕，这种态度是值得提倡的。但是，过于完美的事物，会让人觉得虚假，而且过分地追求完美，也会让我们无谓地消耗大量精力。在某些时候，有一点儿失误真的很有必要，也许机遇就在这失误中崭露头角。

用心体验生活中的美

炙热的沙漠气候，使班克斯顿感到很不适应，他抱怨这鬼地方，土豆都能被烤熟。

一天，在小镇买东西时，他和店主埃里克聊了起来。"刚四月，我就烦恼了，漫长的夏天，如炼狱般可怕的生活又开始了。"他说，"我心里，对沙漠的夏天始终有种恐惧和担忧⋯⋯"

"先生，有必要为此担忧吗？"埃里克微笑着说，"如果您现在就开始对炎热的天气感到恐惧，那么在您的心中只会使夏天来得更早，结束得更晚。"

埃里克继续说："当你烦恼酷暑来临时，也就错过了它给我们的各种美好礼物⋯⋯"

"这该死的酷暑，能带给我们礼物？"班克斯顿不解地问。话语里带有一丝急切。

"先生，您试想一下，那日出的黎明，天边漂亮的玫瑰红，就如同美丽少女羞红的面容；那仲夏的夜晚，天穹耀眼的满天星，就如同深蓝海洋漂浮的海水；沙漠中的旅人，只有在极度绝望的境况下看到绿洲，才能真正体会到心中的喜悦！"

"先生，恭喜您今天得到了埃里克的特别服务——他的人生哲学。这是其他顾客所不曾享受的。"站在一边的一位年轻的店员笑着对班克斯顿说道。

此后，班克斯顿惊奇地感觉到埃里克的话对自己很有效果，他竟不再害怕夏天了。接下来，在热浪肆虐的日子里，他真正享受到了来自夏天的美好礼物。清晨，他在天堂般的清凉中修剪玫瑰花；正午，他在温馨的家里和孩子们舒舒服服睡觉；夜晚，他在轻松的氛围下和家人一起度过很多美好的时光。整个夏天，他们过得痛快极了，并在一起欣赏了沙漠日出和日落所特有的美丽而壮观的景象。

若干年后，班克斯顿一家搬到了北部城镇克莱米德。当大雪来临时，他的从未见过雪的两个孩子总是非常兴奋，坐着雪橇上山滑雪，在湖面上溜冰。随后，一家人围坐壁炉边，津津有味地吃甜点。如今，又搬回沙漠的班克斯顿，时常去拜访埃里克。他更瘦了，满头银发，但笑容却更加灿烂了。

"不必担心变老，我在这里光欣赏生活中的美都欣赏不过来呢！黄昏时，长耳朵的大野兔在奔跑跳跃；月上沙丘时，小狼在山坡上结伴而行，在春天，我从未看到过这么多的动物。你也去欣赏吧……"

人们在面对不如意的境况时，或多或少的会有抵触的情绪，要学着在困境中感受身边有价值的事物，懂得什么才是真正的生活。换一种眼光去欣赏，你会发觉，其实美就在你的身边。

珍惜眼下拥有的一切

古时候，有一个樵夫，每天都上山砍柴，平淡地过着日子。

一天，他在山路上见到一只鸟受伤了躺在地上。这只鸟长着一身闪闪发光的银色羽毛。樵夫高兴地说："好漂亮的鸟呀，我这辈子都没有见过！"于是他把银鸟带回家，为银鸟养伤。在这段日子里，银鸟每天唱歌给樵夫听，为樵夫增添了不少乐趣。

有一天，邻人来看樵夫的银鸟。他告诉樵夫，这世上还有一种金鸟，不仅拥有比银鸟漂亮上千倍的羽毛，还有比银鸟更动听的歌喉。

从此，樵夫每天只想着金鸟，银鸟清脆的歌声再也提不起他的兴致，每天的日子仿佛也恢复了以前的平淡。

一天傍晚，樵夫坐在门外看夕阳，同时想着金鸟的美丽。

银鸟已完全康复，准备离去。它飞到樵夫身旁，最后一次唱歌给樵夫听。樵夫从头听到尾，摇着头沮丧地说："银鸟啊，虽然你的歌声好听，但恐怕比金鸟还差一点儿；你的毛色虽然好看，但比金鸟也要差一点儿。"

一曲唱罢，银鸟在樵夫身旁绕了三圈后，在夕阳下越飞越远。

望着银鸟远去的身影，樵夫猛然发现，银鸟的羽毛在夕阳的照耀下变成了金色。他梦想的金鸟不就是这个样子吗？

可惜，金鸟飞走就不再回来了。

人有那么一种天性，那就是总认为自己没有的东西都是好的，而对自己眼下拥有的东西从不懂得珍惜。就像故事中的樵夫一样，自己拥有的就是金鸟，却浑然不知，直到金鸟离去才幡然醒悟，追悔莫及。人世间，又有多少人犯过与樵夫类似的错误呢？人类最大的悲哀，不是经常犯错误，而是无数的人从不吸取教训，不停地犯着同样的错误。少追求一些虚无缥缈的东西，多珍惜自己眼下拥有的一切吧！有些东西一旦失去，就真的不再回来了。

把灾难当作破旧立新的机会

1914年12月，一场大火毁掉了爱迪生的实验室。在这场火灾中，爱迪生不仅损失了200万美元，更失去了他一生中大半的研究成果。

火势正大时，爱迪生二十四岁的儿子查尔斯在浓烟和瓦砾中疯狂地寻找父亲。不一会儿，他发现父亲正平静地看着火景。火光反射在他脸上，他的白发在风中翻飞。

父亲苍老的身影伫立在风中，显得格外凄凉，查尔斯的鼻子不禁一酸。

这时，爱迪生把手搭在儿子肩上，平静中稍带兴奋地说："查尔斯，快去把你妈妈叫来，如此壮观的火灾场面，是一个人终其一生都难以看到的，我不想让她错过。"

隔天早晨，爱迪生看着灰烬里的废墟说："我们所有的错误都被烧尽。感谢上帝，我们又可以重新开始了。"

火灾后三个月，爱迪生发明了他的第一部留声机。

人的一生中，将遇到很多灾难，我们很难阻止这些灾难的发生。但是，与其把灾难看成毁灭，不如把它看成新的开始。灾难虽然会毁掉旧的东西，但也为你开拓了新的战场，为你创造新的成绩，书写新的历史扫清了障碍。因此，在灾难的打击下，你绝不应该灰心丧气、一蹶不振，要利用好这次机会，去创造人生新的辉煌。

在逆境中锤炼更强大的力量

在埃塞俄比亚阿鲁西高原上的一个小村子里，有一个小男孩每天腋下夹着课本，赤脚跑步上下学。虽然家和学校的距离有十几公里，但家境的贫穷使他无法享受坐车上学的方便，更不敢有这种奢望。每天清晨，高原上都会出现一个小小的身影，迎着朝阳飞快地奔向学校；每天傍晚，又是这个小小的身影，在绚丽的晚霞陪伴之下，听着呼啸而过的风声，慢慢跑步回家。

许多年以后，这个夹着课本跑步上学的小男孩，已经成了塑胶跑道上的英雄。在大型长跑比赛中，他先后15次打破世界纪录，他就是海尔·格布雷西拉西耶。和他的成绩同样出名的，还有他的跑步姿势——一只胳膊总要比另一只抬得稍高一些，而且更贴近于身体。早年夹着书本跑步上下学的生涯，在他身上留下了深刻的痕迹。

当海尔·格布雷西拉西耶回顾自己那段少年时光时，不无感慨地说："我要感谢贫穷。其他孩子的父亲有车，可以送他们去任何他们想去的地方。而我无论想去哪里，都只能靠自己跑步前进，因为贫穷我别无选择。但我喜欢跑步的感觉，因为那是一种幸福，一种战胜逆境、享受成长的幸福。"

贫穷不仅赐予了海尔·格布雷西拉西耶一双强健的腿，更赐予了他坚强的意志。逆境，不是一个人沉沦的理由，在和逆境斗争的过程中，你自己也在飞快地成长。你可能对此毫无知觉，但当你冲破逆境，一飞冲天之时，会发现自己已经获得了从前无法想象的巨大力量。而这一切，都是拜逆境所赐。

不要对别人的事情横加干涉

从前有位教堂里的看门人，每天都出神地仰望着耶稣被钉在十字架上的雕像，十分同情耶稣遭受的痛苦。有一天他祈祷时，心中默念着："主啊，为什么你要遭受如此深重的苦难？我愿意替你承受一切痛苦。"

这时，一个声音在他心中响起："善良的人啊，我感激你。我下来为你看门，你上来被钉在十字架上。但是，不论你看到什么，听到什么，都不可以说一句话。"

看门人欣然同意。于是耶稣下来，看门人上去了。

有一天，一位富商走进教堂，做完祈祷后，竟然忘记将身边的钱袋拿走了。变成耶稣的看门人想叫他回来，但由于有约在先，他不能说。

接着来了一位穷人，他祈祷耶稣能帮助他渡过生活的难关。正要离去时，他发现了刚刚那位富商留下的钱袋子，欣喜若狂，以为是耶稣显灵，万分感谢地拿走了。变成耶稣的看门人想把穷人叫回来，告诉他真相。但是，他仍然不能说。

这时，有一位要出海远行的年轻人走了进来，祈求耶稣降福保佑他平安。正当他要离去时，富商冲了进来，抓住年轻人的衣襟讨要他的钱袋，两人争吵起来。这时候，变成耶稣的看门人实在看不下去了，告诉了他们真相。富商立刻去找那个穷人，年轻人也匆匆离去了。

整个过程，变成看门人的耶稣一直在门外冷眼旁观。这时他气冲冲地走进教堂，指着十字架上的看门人说："赶快给我下来！再也不能让你待在那个位置了！"

看门人被搞得一头雾水，连忙反问道："我说出真相，主持公道，难道不对吗？"

耶稣说："什么主持公道！那位穷人家已经断粮好几天了，那笔钱足可以挽救他们一家老小的性命，现在被富商要了回去，他的孩子就会被饿死了。而那位可怜的年轻人，正在和他的船一起沉入海底，如果富商一直纠缠下去，延误了他出海的时间，他就能保住性命了。瞧瞧你，都做了什么好事！"

平日里，总有一些热心的人，喜欢依照自己的判断，对别人的事情指指点点、横加干涉。他们不明白，别人的事情都在按照正常的轨道进行着，只是他没有看到而已。此外，这种人还有一个特点，就是一旦事情在自己的干涉下出了问题，他就会以"我当初也是好意"这一类的话来推卸责任。这话一说出口，对方直接被气得七窍生烟。

　　其实，当别人的事情完全在他本人掌控之中时，就完全没有必要干涉。要确信别人做的每一件事都是经过计划的，只是对方没有将这个计划透露给我们，让我们一时无法理解而已。如果事情失去了控制，而你能帮助他的话，他会主动来找你的。因此不要做一个事事都要插一手的人，这样的人不仅自己活得很累，别人也会对你敬而远之。

做个合格的领导者

批评的艺术

柯立芝担任美国总统时,他手下有一位漂亮的女秘书。这位姑娘虽然人长得不错,工作中却常因为粗心而犯错。一天早晨,柯立芝看见秘书走进办公室,便微笑着对她说:"真是靓装配佳人啊,今天你穿这身衣服真的很漂亮!"

秘书当即受宠若惊,脸上泛起了微微的红晕。但柯立芝接着说:"我相信,你处理公文的能力也能和你的人一样漂亮。"果然从那天起,女秘书在公文上很少出错了。

一位朋友知道了这件事,就问柯立芝:"这办法真妙,你是怎么想出来的?"柯立芝得意洋洋地说:"这就好比理发师给人刮胡子,先给人涂上肥皂水,刮起来就不痛了。"

作为一个领导者,当下属出现错误时,对他们提出批评不仅是你的权利,更是你的责任和义务。但是,批评别人是一种比较复杂的技巧,甚至说是一种艺术也不为过,像柯立芝这样"将批评蕴藏在赞美之中"就是一种巧妙的方法。另外,高明的批评方法还有很多,像下面松下幸之助的这个"对事不对人"的例子也很有启发意义。

松下幸之助在日本被奉为"经营之神"。一次,担任松下电器厂厂长的后藤因擅自调高员工的薪资,遭到松下先生痛骂。松下一边骂,还一边拿着火钳，猛敲取暖用的火炉，由于用力太猛，把火钳都敲弯了。由于骂得实在太凶，本就患有贫血的后藤晕倒在地，被松下用葡萄酒灌醒。之后，松下把弯曲的火钳递给后藤，苦笑说："你可以回去了，不过，这根火钳是因为你敲弯的，所以在你回去之前要把它弄直。"

后藤急忙照着指示去做。松下看了看还原的火钳，笑着说："不错嘛！你的手真巧。"后藤听到老板说了这句话，受伤的心立刻好了一半。

后藤挨完骂，松下吩咐秘书送他回家，并让秘书嘱咐后藤太太："后藤兄伤心过度，说不定会想不开，请今夜注意他的一举一动。"

第二天一大早，松下就打电话给后藤："我没有特别的事，只想问你是否还在意昨晚的事。没有吗？那太好了！"

在回忆这件事的时候，后藤说："听完老板打来的电话，前一天被痛骂的懊恼霎时烟消云散。我紧紧握着电话筒，内心对老板的佩服达到

赞扬　批评

了极点。"

一次批评的成功与失败，会产生截然相反的结果。如果你想成为下属眼中成功的领导，那么就多多思考和实践批评的技巧吧！

宽容的力量

秦穆公是春秋五霸之一。有一次他乘车出行，路过岐山时马车坏了，右边的马失去控制奔入了山中，被一群樵夫抓住了。

秦穆公急忙下车和随从一起去找。走着走着，他们发现一群樵夫正在岐山北面的山坡上煮食马肉。这群樵夫看到秦穆公在找马，才意识到自己吃的马是秦穆公的，当即吓得不知所措。他们下跪求饶，请求秦穆公饶他们一死。

秦穆公叹了一口气说："吃骏马的肉但不立刻饮酒，会伤害身体的！"于是吩咐随从把酒赐给这些樵夫，等他们喝完酒，就把他们全部放走了。

一年之后，秦、晋两国发生大战，晋军包围了秦穆公的战车，晋国的一位将军甚至已经抓住了秦穆公战车左边的马缰绳。晋惠公马车上的车夫趁机把锋利的竹签掷向秦穆公，他身上有六片盔甲顿时被击得粉碎。

就在这千钧一发之时，去年在岐山吃了秦穆公马的那些樵夫突然冲进了战场，奋力向晋军杀去。这三百多樵夫拼尽全力，将秦穆公从重重包围中救了出来，然后返身杀向晋军。这些受过秦穆公恩惠的樵夫怀着报恩之心，一往无前、势不可挡，居然一举生擒了晋惠公。

秦穆公的一次宽恕，换来了三百多名勇士的奋力相救，宽容的力量真的不可小看。在工作中，如果下属出现了错误，在他自己已经意识到错误、且认为难逃严厉处罚的情况下，不如放他一马，不要处罚得过于严厉。这样，他就会将领导视为自己的恩人，在今后的工作中（至少在一段时间内）会竭忠尽虑，献出所有的精力和才华，这样对公司也是一种好处。当然，这种方法不要过多使用，否则不但这种方法会完全失去作用，公司的规章制度也会被完全破坏，如此一来就得不偿失了。

承担责任时第一个站出来

1943年1月，历时半年多的斯大林格勒战役结束，英勇的苏联红军经过浴血奋战，击碎了德国陆军的不败神话，使德军失去了苏联战场的战略主动权，陷入困境。11月的德黑兰会议上，美国和英国明确表示了开辟欧洲第二战场的决心。1944年夏天，英美两国投入了巨大的人力物力，任命艾森豪威尔为总司令，指挥英美联军从英国渡海出发，准备在法国诺曼底地区登陆。

这次登陆一旦成功，纳粹德国将陷入腹背受敌的绝境，欧洲战场就有可能迅速结束战事。然而，就在大军整装待发之际，英吉利海峡却露出了狰狞的面容。海面上掀起了巨大的波浪，天空像是被闪电劈成了两半，大雨连绵不绝地下了整整四天，将大军牢牢困在英国。艾森豪威尔焦急万分，因为这样耽误下去，损失的不仅是数量惊人的经费和物资，还有给予德国纳粹致命一击的绝佳机会。

就在这时，气象专家送来报告，说狂风暴雨将在三个小时后停止。艾森豪威尔陷入了两难的抉择之中：这是个千载难逢的好机会，德国佬绝不会想到我们敢趁这个稍纵即逝的机会渡海；但是，万一气象预报有误，全军都将葬身鱼腹。整场战争的胜负，以及几十万将士的性命，都取决于此时此刻的这个决定！

时间在一分一秒地过去，艾森豪威尔的内心在痛苦中挣扎。最终，他拿起笔，眼中充满坚毅地写下了这样的一段话：

"我决定在此时此地发动进攻，这是根据所得到的情报做出的最合理的决定。如果事后有人谴责这次行动或追究责任，那么，一切都由我一个人来承担。"

放下笔之后，他长舒了一口气，随即下达了海、陆、空三军依照指示按顺序出发的命令。6月6日凌晨6点，一阵长长的鸣笛声划破了黎明的寂静，"历史上最长的一天"就此开始！

三个小时后，暴雨果然停止，英美联军乘风破浪，迅速登陆。德军对敌人的"从天而降"毫无防备，很快溃不成军。初战告捷后，联军在7天里共登陆士兵32.6万，物资10.4万吨，并继续向欧洲大陆运送更多的人员、物资、装备和补给。这些为战争的最终胜利提供了巨大的保证。登陆两个月后，巴黎光复，第三帝国已经陷入万劫不复的深渊，直捣纳粹魔窟的时刻即将来临！

真正的英雄并不在于其功绩有多么伟大，而在于其有没有承担失败责任的勇气。作为联军统帅的艾森豪威尔，在关键时刻敢于承担责任，进而抓住战机一举定乾坤。作为一个领导者，在下属们都在因害怕失败而踟蹰不前时，就应该将责任挑起，一马当先，带领队伍勇往直前。即使最终失败了，你的属下也将为你的勇气和坚毅折服，因为他们清楚，在最危急的时刻，你做到了他们任何一个人都无法做到的事情。

在绝望中亲手点燃希望

台风就要来了，5310号渔船开足了马力，全速返航。忽然，对讲机里传来急促的求救信号：一条渔船齿轮箱发生故障，随时可能被台风吞噬。因为风大浪急，海洋急救船已经无法出港。船老大陈永海不假思索，立即命令掉转船头，火速营救。

陈永海有着多年出海经验，而且沉着干练，为人义气，跟着他出海，大家心里都觉得踏实。5310号劈波斩浪，朝出事海域疾驶而去。陈永海表情严峻，因为他知道，自己的对手将是50年一遇的强台风。

两个小时后，终于发现遇险船只。当那些被困的船员们看到5310号后，简直欣喜若狂，马上打起了精神，积极自救。尽管此地遍布暗礁，风力也已经达到了15级，陈永海还是镇定地拿起对讲机，指挥对方船只进行抢修。两个小时后，遇险船只排除了故障。陈永海吩咐对方在前头开路，自己断后。接着，他又果断地命令船员将价值几万元的渔具抛入大海，以减轻重量。两条船一前一后，开足马力全速返航。

20分钟后，5310号被海上漂来的绳索绞住了螺旋桨，无法继续前行。陈永海迅速拿起对讲机向前方呼救，对方却无法收到信号，他们拼命大声呼喊，同样无济于事。

陈永海冷静地再次拿起了对讲机，向海上搜救中心呼救，同时吩咐船员竭力保护电瓶，防止因断电而无法进行通信联络。四个小时后，救援船冒死赶来，可就在这时，一个巨浪扑向了救援船的驾驶台，船体进水。救援船万般无奈，为求自保只好返航。

此时，最后一丝希望也仿佛随着救生船离去了，但陈永海仍在想办法。

17级台风挟着海水不断涌进船舱，死神步步紧逼，陈永海决定尽一切可能让兄弟们安全获救。他表现得很冷静，首先命令大家迅速穿上仅有的9件救生衣，保证沉船后不至于溺水；然后，他又指挥弟兄们把船上的食物通通拿出来吃掉，以保证有充足的体力等待救援。

风平浪静之后，搜救工作迅速展开，30多个小时过去，毫无进展。正在人们悲观失望时，有4名船员奇迹般地获救，正是最后一顿饱餐让他们支撑了那么长的时间。7天后，人们不得不放弃了搜救，陈永海和他的几位弟兄，永远留在了那片蔚蓝的大海。

这个感人的真实故事，除了让我们认识了陈永海这个顶天立地的热血男儿，更让我们明白这样一个道理：在团队遇到危机的时候，团队领袖是力挽狂澜的唯一希望。在令人绝望的危机中，领导者不仅要沉着镇定，指挥下属各司其职，共渡难关，还要体现出巨大的勇气和信心，这是一针无可比拟的强心剂，可以激发出下属们无限的斗志。作为领导者的你一定要牢记：你垮掉了，整个团队就会一溃千里，因此不到最后一刻，"放弃"二字绝不能从你的嘴里说出！如果你还不够坚强，就在工作和生活中努力地磨练自己吧！

鼓励的魔力

一个喜爱足球的女孩，努力了很久都没有被足球队录取。按照身体条件，她真的不是很优秀。但是她的启蒙教练总是鼓励她："下次一定能成功。"

后来，她终于进入了足球队，并在几年后成了中国女足的队长，带领铿锵玫瑰在国际赛场上屡创佳绩。

这个女孩来自上海，名字叫孙雯。

还有一个来自河南的女孩，虽然酷爱乒乓球，但由于身材矮小，许多人都认为她不会成功。但是她的父亲对她说："你很优秀，真的。"

后来，她成为了中国女乒的头号单打，横扫世界女子乒坛。比赛中她凌厉的球风和咄咄逼人的气势，让与她对阵的选手不寒而栗。她的名字叫邓亚萍。

你也许不承认她们的成功就是那几句温馨的话的结果，但是她们却说，那些话至今仍然记忆犹新。

杰克·韦尔奇是美国通用电气公司首席执行官，他在自传中写道："我的成功也许要归功于我的母亲。"原来，他在小时候有口吃的毛病，这让他觉得非常自卑。但是他的母亲对他说："孩子，这是因为你的嘴巴无法跟上你聪明的脑袋之故。"

后来他在回忆这件事时说："这是迄今为止我听到过最妙的一句话。"

一位年轻作曲家参加一个贵族聚会，遭受了一位公爵的侮辱。恼怒之余，社会地位的差距也让作曲家十分自卑。

他的朋友对他说："这个世上的公爵有很多，而贝多芬是独一无二的。"

没错，年轻作曲家就叫贝多芬，他留下的音乐篇章，对全人类来说都是宝贵的精神财富。

好言一句贵千金，因此不要吝惜你的鼓励，它可以救起一个人的自信、尊严和灵魂。作为领导者的你，是否经常鼓励你的下属呢？如果没

有，那就请试试吧！看到下属受到鼓励后那充满感激和自信的眼神，以及冲天的干劲时，你将获得巨大的成就感，同时也会深受鼓舞。

放下架子，坦诚沟通

作为森林王国的统治者，老虎饱尝了管理工作中的艰辛和痛苦，已经被折磨得焦头烂额。其他动物享受着与朋友相处的快乐，而且在犯错误时得到好朋友的提醒和忠告，这一切都让老虎羡慕不已。

一天，老虎沮丧地问猴子："你是我的朋友吗？"

猴子一惊，满脸堆笑地回答："当然，我永远是您最忠实的朋友。"

"既然如此，"老虎说，"那为什么我每次犯错误时，都得不到你的忠告呢？"

猴子想了想，小心翼翼地说："作为您的属下，我敬仰您都还来不及，哪能轻易看到您的错误呢？"见老虎对自己的回答好像不太满意，猴子又说，"也许您应该去问一问狐狸。"

老虎又去问狐狸，狐狸眼珠转了一转，一脸媚笑地说："猴子说得很对，您那么伟大，有谁能够看出您的错误呢？"

在中国的文化传统影响下，下属习惯于把领导当成父母一样尊敬和仰慕，同时像对待老虎一样对自己的领导敬而远之。尤其在一些国家机关部门和国有企业中，由于组织结构上的原因，这种情况更加严重。从下属的角度来看，指出领导的错误容易，但万一领导恼羞成怒，那不是自讨苦吃吗？另外由于立场不同，有些下属可能还等着看领导的笑话，甚至盼着领导下台，自己取而代之。

其实，很多领导者对此也是非常无奈。下属的貌合神离，让他们没有一丝安全感。作为领导者，如果你想和下属零距离沟通，那么至少要做到以下三点：第一，你要让下属确信你具有明辨是非的能力和包容的胸怀；第二，让下属确信和你沟通不会有不良后果第三，平时对多鼓励下属和自己沟通。

关键时刻要用铁腕治军

孙武是春秋时期的著名军事家，生于齐国，后来卷入齐国内乱，逃亡到了吴国，被伍子胥举荐给吴王阖闾。吴王看了他的《兵法十三篇》后，说道："阁下的大作我已看过，但我想看看按照上面说的方法统兵效果如何。"

"那当然没问题。"孙武爽快地答道。

于是，吴王阖闾从宫中挑选出180名宫女。孙武把她们分成两队，分别以最受吴王宠爱的两个妃子为队长，手持短戟指挥各自小队。孙武对所有180名宫女说："我的令旗向前，你们就看自己的前方，令旗向左，就看左边，令旗向右，看右边，令旗向后，就看后边。"吩咐完毕，孙武便下令击鼓演练。

可是当孙武击鼓挥动令旗时，宫女们都因为感到新鲜而哈哈大笑起来，两个队长也只顾着笑，忘记了自己还有指挥的任务。孙武停下操练，又一次对宫女们讲解了一遍指令。但当战鼓再一次敲响，宫女们依然大笑不止。孙武阴沉着脸说道："下达命令不明确，使得将士对命令不熟悉，这是将帅的过错；但是明确后命令而不执行命令，这就是下级士官的过错了。"于是当即下令将两个队长斩首。

坐在台上的阖闾见孙武真的要斩杀爱姬，大为惊骇，赶忙上前求情说："我已经知道先生善于用兵了。离开了这两个妃子，我连饭都吃不下去，请先生看在我的面子上放她们一马吧！"孙武说："在下既然奉大王的命令为将，就应该恪尽职守。将在外，君命有所不受。"

二位队长被斩杀于阵前。接下来鼓声再响，宫女们前后左右中规中矩，再也没有人敢出声嬉笑了。通过这件事，吴王阖闾深刻了解了孙武用兵的过人之处，便立刻拜他为将。吴国军队在孙武的带领下，号令严明，兵强马壮，在短短的几年内打败强楚，威震齐、晋两大国，成为春秋末期的霸主。

有些时候，作为领导要用铁腕治军，尤其在原则性的问题上，决不允许下属有任何异议。否则的话，你的团队将犹如一盘散沙，毫无执行力可言，自然也就谈不上有什么战斗力。平日里，你可以常常笑脸迎人，但是当最根本的规则受到挑战的时候，要毫不犹豫地亮出制裁之刃。就像故事中的孙武，他很清楚"服从"才是一支部队战斗力的保证，因此他对"令不行禁不止"的士兵是绝对无法容忍的。

你的下属不会因你的冷酷无情而怨恨你，因为他们知道，只有这样一个讲究原则、思路清晰的人，才配作一个领导者。

工作考验能力，更考验情商

敢于毛遂自荐

王林在大学主修家具设计专业，毕业后来到南方某大城市找工作。他的目标是成为一名设计师，但是多次面试之后王林发现，所有的家具公司都不愿意聘用一个大学刚毕业的人做设计师。

屡次的失败并没有让王林气馁。他并没有急于再去投简历，而是深入家具市场进行调查，重点分析了一些家具滞销的原因。每天，他白天去跑市场，晚上回家将调查的结果加以分析研究，发现了许多以前很少有人注意的情况和问题。他将研究的成果做成笔记，然后信心十足地来到一家不太景气的家具公司毛遂自荐。

"我们公司不招人。"他刚开口，便遭到了前台的回绝。

于是，王林毫不客气地提出要见公司的老板，可前台的人以老板外出为由拒绝了。

王林知道前台很有可能是在骗自己，可是也不好说什么，就先回去了。第二天，王林再次登门拜访，前台的人用同样的话将他拒之门外。王林说："贵公司的老板既然不在，那么总有部门经理在吧？请相信我，我的意见对贵公司来说至关重要。"

这时，恰巧营销部经理从前台经过，听到了王林说的最后一句话。他为这位年轻人的自信感到十分惊讶，因此想知道他自信的理由，便把他请进了办公室。

在两人长达一个多小时的交谈中，王林指出该公司家具滞销的原因，又提出了改进的方法，最后立下了"军令状"："请让我试工三个月，如果我设计的家具不能打开市场，我立马走人，三个月的薪水我一分不拿。"经理看王林说的是内行话，且改进措施也看似可行，更何况现在公司不景气，与其坐以待毙，不如让这个年轻人试一下。于是，他当晚就把这个情况向老板反映了，老板同意了经理的意见。

王林十分珍惜这个来之不易的机会，他设计的家具既新颖又实用，在订货会上大受欢迎。老板赶紧和他签订了劳动合同。王林成为家具设计师的理想终于实现了。

无数的人感叹自己命运不济，没有好的机会，其实很多机会都是自己争取来的。尤其对于年轻人来说，人们不会因为你的"横冲直撞"而

责备你，反而会佩服你的冲劲、勇气和上进心。只要你确实有能力，就不妨用"毛遂自荐"的办法，为自己冲开一条出路，打开新的局面。如果你害怕失败，害怕承担责任，进而没有勇气毛遂自荐，那么你的上司永远不会注意到你，你也永远无法获得表现的机会，成功自然也就与你无缘。

尊重自己的工作

修道院里来了一位年轻的修女，几个星期以来，她唯一的任务就是织挂毯。这份枯燥乏味的工作已经快把她逼疯了。

有一天，她决定拂袖而去。"我不干了！"她说道，"给我的指示简直不知所云，我用鲜黄色的线织了那么久，却突然要我打结，把线剪断，这完全是在浪费时间！"

在另一旁织毯的老修女缓缓放下手中的工作，微笑着对她说："孩子，请跟我来。"

老修女带她走到工作室里摊开的挂毯前面，一幅美丽的《三王来朝》图映入了年轻修女的眼帘。她自己用黄线织的部分，就是圣婴头上的光环。年轻修女吃了一惊：看上去是浪费和没意义的工作竟是那么伟大！

没有哪一件工作是没有意义的，如果你从事的工作没有意义，那么你的老板为什么要花钱雇你做呢？在思考自己工作的意义时，不要只站在一个角度，要放眼全局，看看自己的工作在整个流程中到底处于一个什么位置，如此一来，你就有可能有许多新的发现。如果这样你还不能发现你工作的意义，那么就请另谋出路吧！这条路上的成功恐怕是与你无缘了。

如果此时的你觉得自己的工作是在浪费生命，那么就照着以上两点做吧！因为要是再不行动，你将继续浪费自己的生命。

急老板之所急

马丁所在的公司面临着前所未有的困境：公司刚刚开发出一种新产品，准备大规模生产，竞争对手马上就推出了一种十分类似的产品，而且价格比自己公司的成本还要低；以前的一个大客户突然宣布破产，其欠下的大笔债务也随之泡汤；更加雪上加霜的是，许多原材料供应商好像事先商量好一样，同时抬高了价格。

公司在生死之间痛苦地挣扎，很多同事都已经离开了，留下来的员工也是人心惶惶，盘算着另谋高就，完全没把心思放在工作上。公司的现状让马丁十分痛心，但是他知道光是担心无济于事。

几天来，马丁为如何才能帮助公司而殚精竭虑，为自己的无能为力感到十分沮丧。一天他回到家中，妻子说她刚刚去拜访了自己的导师。马丁突然计上心来，第二天就带着公司的产品研发部经理去拜访了妻子的导师——一位学富五车、德高望重的老教授。通过沟通，那位老教授答应和他们公司合作开发一种更加物美价廉的新产品。

同时，马丁自己也在积极行动。身为售后服务部负责人的他，把所有的售后服务人员都组织起来，让他们主动到老客户那里进行产品维修和维护工作。此举最大程度地延缓了客户的流失速度，为新产品的开发赢得了宝贵的时间。

几个月之后，公司和老教授合作开发的新产品成功上市，很快受到了顾客的热烈欢迎，竞争对手们对此措手不及。老客户们纷纷表示要继续和公司保持长期的合作关系，并为公司带来了许多新客户，公司因此走出了困境。鉴于马丁对公司的杰出贡献以及在非常时期表现出的巨大潜能，公司总经理建议提升马丁为公司的营销总监，公司董事会毫不犹豫地通过了这项决议。

当公司陷入困境的时候，大多员工都会选择远走高飞、另谋出路，这既是一种懦夫的行为，又是一种不负责任的表现。这种人只想从公司索取，不想为公司奉献，终其一生也只能是一个碌碌无为的人。不要把"个人的力量太渺小"这种话当作害怕辛苦、不愿付出的借口，一旦你的努力让公司走出困境，你将毫无疑问地成为公司高级管理层的一员。即使最终仍然无力回天，你在处理危机过程中付出的努力，也会凝结成宝贵的经验，对自己以后的事业产生莫大的帮助。急老板之所急，不是无偿奉献，而是一笔对自己来说稳赚不赔的生意。

不要像懦夫一样满嘴借口

休斯·查姆斯曾在国家收银机公司担任销售经理。在他任职期间，公司曾一度出现财务困难，销售人员的工作热情也大受影响，公司业绩自然而然地开始直线下降。为此，销售部决定召开一次会议，公司在全美各地的销售员都必须参加。

会议开始后，查姆斯请销售员说明销量下降的原因。销售员一个个站起来讲述，有的说是因为商业不景气，有的说是由于资金缺少，有的则把原因归结为人们都希望等到总统大选揭晓以后再买东西。每个人陈述的理由似乎都无可辩驳。

当第五个销售员正在说他完成推销任务的困难时，查姆斯先生猛地跳到一张桌子上，高举双手示意大家肃静。接着他说："请大家原谅，会议暂停一会儿，我需要十分钟时间把我的皮鞋擦亮。"然后他招呼身旁的黑人小工友给他擦鞋。

在场的销售员都以为查姆斯突然发疯了，窃窃私语起来。同时，那位黑人小工友开始很用心地工作起来，一只擦完了擦另一只，动作娴熟，态度认真。擦完以后，查姆斯非常满意地对他微笑了一下，并给了他一毛钱。

然后，查姆斯对在场的所有人说："这位工友负责我们整个工厂及办公室内的擦鞋任务。他的前任是一个白人小男孩，比他年纪大，每周还可以从公司领取5元补贴，可很少有人请他擦鞋，因此他无法挣够生活费，最终辞职。现在这位小工友非但不要公司的补贴薪水，还可以存下一些钱。同样的工作对象和工作环境，两人的境遇却大相径庭。请问：那个白人小男孩拉不到足够的生意、挣不到足够的生活费是谁的错？是他的错还是顾客的错？"

推销员异口同声地回答："当然是小男孩自己的错。"

"大家说得很对。"查姆斯说，"其实我们面对的情况也是一样。现在和一年前的工作区域、对象还有商业条件都是一样的，而你们的销售业绩却出现退步，这是谁的错呢？是你们的错，还是顾客的错？"

大家不约而同地低下了头，一齐回答："当然是我们的错！"查姆斯接着说："我很高兴你们能认识到这一点，而且我始终相信大家的能力。你们不必理会公司财政危机的谣言。回到各自的销售地区后，如果你们能保证在30天内每人完成5台收银机的销售量，我们就不会再有任何财政问题，大家有没有信心做到呢？"

大家齐声回答："有！"

事后，员工们各个鼓足干劲，销售业绩又恢复了，原来那些所谓的滞销原因好像也一下子都消失了。

对于满嘴借口的人来说，失败将是其永远无法摆脱的宿命。因为"失败"本身就是个欺软怕硬的家伙，也只有软弱的人，才会整天忙着

为自己的失败找借口。诚然，任何人都不能避免失败，有的时候失败也确实是由于一些运气上的问题，但是与其把时间花在找借口粉饰"面子"上，倒不如想想如何才能扭转局势。满嘴借口，除了能向别人证明你的软弱和无能之外，没有任何作用。自己的"面子"，只能用不懈的行动和良好的结果来维护。

坚决执行

"迈克尔·舒马赫"这个名字，在F1车坛被称为"车王"。而知道舒马赫的人，也一定知道他曾经在法拉利车队的搭档——巴里切罗。在讲究配合和策略的F1比赛中，他们之间的完美配合是F1车迷永远津津乐道的话题。然而曾经的一次配合，却让这对"黄金搭档"饱受质疑和指责。

那是2002年的奥地利站比赛。当绿灯亮起的时候，巴里切罗的赛车如同离弦之箭，顺着赛道冲了出去，力压各路高手抢得先机，连"车王"舒马赫都被他甩在了身后。在他的赛车后面，舒马赫等人的赛车在不停地争夺着属于自己的位置，比赛一开始就异常精彩，令看台上的车迷们止不住大声地欢呼起来。

巴里切罗沉着地驾驶着自己的赛车，以最快的速度飞驰在弯曲的赛道上。他状态奇佳，始终保持着领先的位置，其他人根本没有超车的机会，就连已经蝉联四届总冠军的舒马赫也只有在后面追赶的份儿。

就这样，赛车一圈又一圈地飞驰着，巴里切罗始终独占鳌头，舒马赫紧随其后。此时两人已是遥遥领先，法拉利车队已经注定成为本站比赛的最大赢家。比赛进入了最后一圈时，全场车迷起立欢呼，因为他们是那么希望这片一直默默奉献的绿叶，有朝一日能够亲身体验成为鲜花的美妙感觉。

终点临近了，巴里切罗仿佛看到了冠军的领奖台、车迷的欢呼，还有那庆祝的香槟在向自己招手。可就在这时，车队控制台下达指令：放慢速度，让舒马赫先冲过终点。

可以想象，巴里切罗此时的心情该是多么痛苦！但是，车迷们依然看到，巴里切罗的赛车在离冠军一步之遥的地方突然减速，舒马赫的车从队友的身边飞驰而过……

就这样，巴里切罗又一次扮演了一片绿叶，将难得的冠军奖杯让给了更有希望获得年度车手总冠军的队友舒马赫。

毫无疑问，巴里切罗的这一举动违背了竞赛道德，让自己和舒马赫都陷入了不少车迷和媒体的指责之中。然而从另一个角度来看，巴里切罗的做法值得尊敬，这不仅因为他为大局利益牺牲了自己的荣耀，更因为他十分坚决地执行了车队的命令。

我们相信，巴里切罗在减慢车速的时候，内心中一定也有过失望和茫然，但是他战胜了这一切，完美地完成了车队交给的任务。在工作中，我们有时难免对上司的决定产生异议，但是请记住，这种异议一定要放在会议上说，大家一起讨论。会议结束后，一切就都已经成为定论，剩下的就是各司其职地去执行了。如果你在会上提出了自己的异议，但是并没有获得上司的理解，而你又认为自己意见的正确性不容置疑，这种情况下，你唯一能做的，也只是按照会议上确定的计划坚决执行任务。虽然这样显得有些不负责任，但是请注意事情的前提——你的正确意见没有得到上司的采纳。如果事情的结果不好，那么承担责任的是上司，但如果你把内心的疑惑和不满带到了工作中，导致工作效率下降甚至出现错误，那么失败的责任将被毫不留情地推到你的身上。

坚决执行命令，是一个领导最欣赏的员工品质之一，同时让你永远立于不败之地。如果团队中的每一个人都具备这种品质，那么这个团队将拥有令人生畏的战斗力。

主动工作

即将毕业的张华，被学校推荐去一家科研机构实习。刚去时，没人给他分配任务，他整天无事可做。十多天以后，张华坐不住了，开始跟正式员工们主动攀谈，积极参与大家的讨论，寻找机会给自己找点儿事干。

当时，该机构正在开发一个金融数据库，大家忙得热火朝天，张华也积极参与其中。在大伙儿的齐心努力下，程序很快被成功地开发出来了。张华在这一过程中表现出的能力，也获得了正式员工们的一致认可。此后凡遇到繁重的工作任务，大家都乐于找他帮忙，张华也总能又快又好地完成任务。同事们和领导纷纷对他赞不绝口。

紧接着，单位又要开发一个新程序。张华在详细地了解情况后，主动请缨，并呈上了开发方案。领导把任务分给了他，要求他三个月内完成，到时给他开具实习鉴定。

接到任务后，张华在单位全力奋战了三天三夜。第四天清早，他就走进领导的办公室汇报成果了。三个月的工作三天完成，领导惊讶得目瞪口呆。

实习结束后，领导二话没说，直接到他的学校点名要人。是什么让张华有如此出色的表现，从而迅速被用人单位接受呢？是一种积极主动去做并保证做好的精神。

一个不拿薪水的实习生，即使不为单位做出什么贡献，别人也不会说什么。可是，公司是盈利机构，而不是福利机构。老板并不关心你是否学富五车、才高八斗，而是看重你愿不愿意主动将你的才华转化为公司的利益。积极主动工作的人，能够根据公司发展和规划的要求，主动去找事情做，而不是等着上司来分配任务。这样的人，不仅让自己才华尽展，在企业里也最有发展前途。

以公司的利益为重

国外有家钢铁公司发生过这样一件事：有一个入职不到一个月的职员，发现炼铁高炉的出渣口排出的炉渣中，有一些矿石没有被充分冶炼。他认为这是公司的损失，于是向炼铁工人的头儿汇报。头儿说："不可能的，如果和你说的一样的话，工程师会告诉我的。可是他没有告诉我，肯定没有问题。"

这个新职员很不甘心，他又找到相关的工程师反映了这个问题，工程师不屑地对他说："不可能出现你说的问题，我们的技术是世界上最先进的。"

新职员还是觉得这是件很重要的事，于是找到了公司的总工程师。总工程师被他坚持不懈的态度感染，于是召集了公司负责技术的员工到车间检查。结果发现，监测机的一个零件出了问题，导致了矿石没有被充分冶炼而不曾被发现。

这个新职员知无不言的态度，让公司避免了巨大的经济损失。结果，公司把他提拔为控管组长。

无论你身处什么样的企业中，作为员工你都有义务对企业所做的决定提出自己的真实想法，以及灵活地执行企业的决定。一个人无论处于什么样的级别，当他能够站在整个公司利益的角度，大胆提出自己的想法、发表自己的意见，那么他的勇气和忠诚就是令人钦佩的。不要因为自己的职位太低或者自己只是一名普通的员工就对整个公司的政策以及决定退避三舍。要知道这并不是值得你担忧的理由，没有人会嘲笑一个为企业利益着想的人。而且，你的老板会为你的忠诚感到骄傲。要知道，你是一个有活力的人，而不是执行任务的机器。

爱情的甜美，
只属于懂得品味的人

了解他（她）爱你的方式

一位女士的自行车半路爆胎了，又因天色太晚找不到修车摊，于是推着车走了近两个小时才到家。疲惫的她回到家里，本以为丈夫会关切地说："怎么不叫我去接你啊？要不打车回家也成啊！"谁知丈夫竟然懒洋洋地躺在沙发上，嬉皮笑脸地说："咦，你不是要减肥吗？这机会多好啊，还是免费的。"

当夜，她气得失眠了。望着正在打鼾的丈夫，她感到一阵心酸。她来到书房，打开抽屉，想取出相册看看。这时，抽屉角落里一个破旧的小本子出现在她的视野中。那是她用来写日记的本子，但是她已经很久没写过了。

她随意翻开了一页，上面如是写着：

"我喜欢花花草草，想自费去云南看个够。本想你会高兴地说：'真的吗，老婆？我陪你去！'没想到你却说：'有钱没处花呀？帮我买两盒雪茄得了，记住买大卫·杜夫的啊！'我生了一天的气，觉得和这样不可理喻的男人相伴一生，简直是一种悲哀。晚上，我看到茶几上多了本《云南自驾游》。我才发现，老公你是爱我的，只是方式与众不同。"

她伤心地叹了口气，又翻开一页：

"我要和朋友聚会，跟你说要晚些回来。本以为你会说：'老婆，早点儿回来啊，老公会想你的。'谁知你只冷冷地说了句'嗯'，连句'注意安全'之类的话都没有。我觉得你不重视我，气得连手机都没带就走了。深夜到家，我看到你在小区门口被冻得瑟瑟发抖的身影，跑过去和你相拥在一起。你知道我有多幸福吗？我才发现，原来你是爱我的，只是方式与众不同。"

她微微一笑，脸上露出了幸福的表情，接着再翻开一页：

"今天你又和人家吵架了。刚开始我心想：老大不小了怎么还这么冲动啊？不就是别人说你的外套样式太老吗？可仔细一看，你穿的竟然是那件外套！记得有一次，我逛超市特意为你挑了这件外套，兴冲冲地拿回家。本以为你会说：'老婆，太开心了。'但你却说：'又打折了？这次是几折啊？'我伤心透了，真想把衣服塞进垃圾桶。后来才发现，一有重大场合你必定换上这外套……我才知道，原来你是爱我的，只是方式与众不同。"

此时的她，已经无法抑制幸福的泪水。她拿起笔，在日记本上写了起来：

"老公，我嫁给你真幸福，很多人都羡慕我呢！我猜，你肯定不会说'嘿嘿，羡慕我的人更多'之类的话，而一定会成心气我说：'这还不好理解，那是因为我好欺负呗，同情我的人可多了。'但我再也不会生气了。因为我无意中发现，每晚睡前，你都微笑地看着我们的结婚照，然后亲亲我的脸才睡下。你不知道，其实我是假装睡着的。我永远知道，你是爱我的，只是方式与众不同！"

她跑回卧室，在丈夫的脸上亲了一下，然后迅速钻进被窝儿，幸福地睡去了，不管丈夫在身后喊着："干什么呢？还让不让人睡觉了！好不容易做个美梦，又被你搅和了……"

第二天早上，她依然在早餐桌上发现了丈夫留下的车钥匙。

不同的人，对爱情有不同的表达方式，即使采取的方式不是你所期望的，也并不代表他（她）不是全心全意地爱你。另外，不要渴求对方用你期待的方式表达对你的爱，因为那样的话，对方会觉得很痛苦。一个连表达爱情的方式都受制于人的人，可能觉得幸福吗？因此不要太过在意形式，要明白：无论什么样的糖果，都是甜的。如果你还不太适应他（她）给的糖果的味道，那就努力让自己逐渐适应吧！很快你就会发现，他（她）给的糖果，也是别有一番味道的。

不要故意考验爱情，因为代价太昂贵

他和她相爱了，并已经约定了婚期。一天，他问她："你说爱情能永恒吗？"她说："当然，我会永远爱你。"

他笑了笑，说："我们再去试着爱别人吧！这也是对我们爱情的一种考验，如果考验通不过，说明我们变了心，我们之间不是真爱。"

于是，他去追求和她一起的另一个女孩子。

和她不同，那个女孩子像只花蝴蝶一样风情万种。以前他对这个女孩没什么好感，可是互相接触之后，他从这个女孩那里得到了一种非常奇妙的新鲜感觉，两人开始密切往来。

后来，男孩和那个女孩有了关系。那个女孩怀了他的孩子，逼着他和自己结婚，否则就死在他面前。在之前约定的那个婚期，男孩结了婚，但是新娘却不是之前深爱的那个她。他没想到那个女孩会爱上自己，没想到自己不能抗拒诱惑，更没有想到从此永远失去了自己的真爱。

他在从前的女朋友面前忏悔："我错了，我爱的是你。"女孩说："我也是爱你的。可是我是个追求完美的人，不能要一幅被别人涂抹过的画。"

一切已经无法挽回，男孩痛哭失声。如果一切可以重来，他绝不会再去无事生非，像个傻瓜一样考验自己的爱情。此刻他才明白：爱情竟

是如此脆弱，如同一个精致的花瓶，保护还来不及，他为什么还要去打碎它？

爱情，不是少男少女梦境中的泡泡，而是一种深沉、炽烈的伟大感情。如果你真心爱着你的爱人，就要加倍呵护你们之间的爱情。无论在什么时候，都不要试图去考验爱情，否则，你不仅会让自己陷入无尽的悔恨之中，也会在你的爱人身上留下刻骨铭心的伤痕。在此，提醒一下还在游戏爱情的人们：当你还不能把握自己感情的时候，最好不要品尝爱情这杯烈酒，虽然它会暂时让你如痴如醉，但也会让你付出无法想象的代价。

不要把爱情弄成荒唐的交易

一个年轻漂亮的美国女孩在一家大型网上论坛的金融版上发表了一个帖子：我怎样才能嫁给有钱人？以下是原帖的内容：

请大家不要怀疑我的真诚。本人25岁，不仅有着让人惊艳的美貌，还拥有文雅的谈吐和高雅的品位。我想嫁给年薪50万美元的人。你也许会说我贪心，但是在纽约，年薪100万才算是中产，本人的要求其实不高。

这里有没有年薪超过50万的人？你们都结婚了吗？我想请教各位一个问题：怎样才能成为有钱人的妻子？我约会过的人中，最有钱的年薪25万，但要住进纽约中心公园以西的高档住宅区，年薪25万远远不够。我诚心诚意想知道以下几个问题的答案：一、哪些休闲场所经常出现有钱单身男士的身影？（请列出这些场所的名字和详细地址）二、我应该把目标定在哪个年龄段？三、为什么有些富豪的妻子看起来相貌平平？我见过有些女孩，相貌上毫无吸引力，却能嫁入豪门，而单身酒吧里那些妖艳的美女却运气不佳。四、你们怎么决定谁能做妻子，谁只能做女朋友？（我现在的目标是结婚）"

——波尔斯女士

下面是一个华尔街金融家的回帖：

亲爱的波尔斯，看完你的帖子后，我相信不少女士也有跟你类似的疑问。下面我以一个投资专家的身份，对你提出的问题做一个简单的分析。事先声明：我今年不到30岁，年薪虽然不算高，但也略高于你所说的"中产"水平，完全符合你的择偶标准，所以请相信我并不是在浪费大家的时间。

以一个生意人的眼光来看，跟你结婚绝对是个糟糕的经营决策。抛开一切细节，你所说的是一笔简单的"财""貌"交易，甲方提供迷人的外表，乙方出钱，看似没什么问题。但从动态的角度来看，我的钱不会无缘无故减少，反而很可能会逐年递增，而你非但不可能一年比一年漂亮，现有的美貌也会逐渐消逝。

因此从经济学的角度来说，我是增值资产，你是贬值资产，而且是加速贬值。你现在25岁，在未来的五年里，你仍可以保持窈窕的身段，俏丽的容貌。但是女人年过30，美貌消逝的速度会越来越快，如果它是你仅有的价值，十年以后，你的价值堪忧。

每个生意人都明白，对一件会加速贬值的物资，明智的选择是租赁，而不是购入。年薪能超过50万的人，想必都是聪明人，因此只会跟你短暂交往，但不会跟你结婚。其实，与其祈祷碰到一个有钱的傻瓜，你倒不如想办法把自己变成年薪50万的人。至少在我看来，后者成功的概率更大一些。

希望我的回帖对你有帮助。如果你对"租赁"感兴趣，欢迎联系。

——罗波·坎贝尔

这位金融家的回帖言辞犀利，发人深省。诚然，任何人没有资格指责别人的做法，而且确实有些女孩子通过这种方法改变了自己，甚至整个家族的命运。其实，当一个女孩子面临这种选择的时候，她要考虑的不过是这样一个问题：是守住自己的道德底线，还是不惜一切换取利益。归根结底，这就是一个"道德"和"利益"孰重孰轻的问题。一旦想清楚了这个问题，一个人在选择的时候就不会有任何疑惑了。

爱需要双方来维护

他和她相爱。

他比她年纪大，总是很照顾她。虽然不能天天见面，但每天的电话是不会少的，天冷天热，加衣减衣，生活中很多小事，他都会提醒她。

大家都知道她有一个爱她宠她的男友。她也暗自开心，男友这样优秀的人，却独独对自己这样用情，还有什么不满足的呢？和所有相爱的人一样，他们也经常吵嘴，但每次他都会转身来哄她。他会说："折磨人的小丫头，我投降了。"

后来，他们同居了。她还是像以前那样，不耐烦生活中的烦琐家事，而他依然宠她，自己干大部分的活儿，照顾她。

但是慢慢地，她觉得自己受束缚了。一次，她晚上和同事一起喝多了酒，凌晨1点多才回家。他非常生气，立刻就跑去另外一个房间睡了。

他们还是经常争吵，还是每次都是他转身与她和好。后来，她隐约觉得他转身的时间增长了，但是她没有放在心上，她习惯了。那一天，因为一件小事，他们又吵架了，他转身走了出去。

一天，两天……她等他说"对不起"。

但是，一个星期了，他还是没有转身回来。等待是很痛苦的，她决定先去外面散心。她以为等他回来后，事情就会好了。

可是，当她从外面回来时，屋子里已经没有他的任何东西，仿佛这个人从来没有在这里待过。他走了，辞职去了外地。

无论如何，她都想不到他会这么绝情。她还是深爱他的，她知道大多数时候都是因为自己的任性两个人才会争吵，而他一直包容她，她却没有珍惜。

后来，她向朋友诉说这段伤心的往事，朋友静静地听着，突然问她："为什么你不转身呢？"

那一刻她呆住了，泪流满面。是啊，道理很简单，自己转身就可以，可是为何没有这样做呢？

单方面付出的爱情是不会维系长久的。如果有一个人深爱着你，无数次无条件地迁就你，千万不要认为这是理所应当，而要把对方当作是上帝的馈赠去倍加珍惜。否则一旦对方热情耗尽、心灰意冷，你们的爱情就会像得不到浇灌的花朵，枯萎、凋零只在一瞬之间。如果你也深爱着对方，就用实际行动让对方感受到你的情意吧！不要认为这是向对方示弱，否则你的任性会让你追悔莫及。要知道，两个人一起维护的爱情才能历久弥新、芳香永驻。

给对方爱你的机会

一位年轻人新来到一家公司。公司的办公室很大，每个人都坐在一个隔断中，彼此虽然看不见，但打电话却是听得一清二楚。

他左边的同事，似乎是个很黏老婆的男人。

"老婆，今天晚上我想吃红烧肉哦！"

"老婆，那件灰格子的衬衣熨了没有？明天我要穿的哦！"

年轻人觉得很有意思，就开始暗地里留意他。这位同事是一个很普通的中年男人，事业上表现平平。年轻人猜想：这个人家庭生活肯定经营得不错吧，他的老婆一定是位贤妻良母。

他给老婆打电话打得很勤，总是在提要求，要老婆做这做那。从他打电话的神情判断，他老婆竟从未拒绝过他，对于他烦琐的要求，总是欣然接受。

熟悉之后，年轻人总是用半嘲笑的口吻对他说："前辈真是好福气，讨得这样贤惠的老婆。"他也总是一脸憨笑地说："那是，那是。"

一个星期天，年轻人去医院看病，偶遇那位中年同事和他的老婆。这位女士的形象让年轻人大跌眼镜：不仅和"精明强干"完全不沾边，反而像林妹妹般虚弱纤瘦，还透着一脸的病气。客气地打过招呼，同事扶着老婆，小心翼翼地走了。

这时，他听见了诊室里医生们的谈话："真是不幸啊，她患绝症两年了，发现的时候已经是晚期。好在她很坚强，竟然挨过了两年。不过，她的身体眼见着是越来越不行了，不知道还能熬多久。"

医生摇着头叹息，年轻人的心猛然沉了一下。

这以后，再听见他打电话，年轻人就愤愤不平：简直是不可救药，老婆都病成那样了，还一天到晚不停地使唤人家。这个男人的心，难道是铁打的吗？

一天，那位同事用红笔在日历上重重地画了一个圈，对年轻人说："老婆的生日快到了，你帮着参谋参谋，看送给她什么好。"

年轻人一句话脱口而出："前辈呀，你什么都不用送，以后别再像以前那样使唤你老婆，让她过两天清闲的日子就行了。"

他不以为然地笑笑："那怎么行，她是我老婆，不使唤她，使唤谁呢？"

年轻人终于忍不住爆发了："你老婆都快死了，你还让她做这做那，你还算是男人吗？你对你老婆，就没有一点点疼爱怜惜吗？"年轻人的神情里充满了鄙夷，觉得眼前的这个男人简直面目可憎。

同事慢慢地收起笑容，说道："你是不是觉得只有对一个人付出才是爱？其实向一个人索取也是爱。她刚生病时，我也不想再让她为我操劳了，便什么家务活儿都不让她干，以为让她吃好玩好休息好就行了。谁知她的精神一天比一天差，整天说自己像废人一样活着，根本没有什么意思，不如早点儿去了的好。我抱紧她说：'我不让你走，你做的红烧肉，熬的汤我都还没有尝够呢！'于是我开始像以前一样要她为我做这做那，她的脸色才慢慢红润起来了。那时候我才明白，爱一个人，不仅仅是付出，还需要让对方感到自己被需要着。后来她说，在她要咽下最后一口气之前，一定会做几个好菜给我放在冰箱里。被人需要是一种幸福，我只想满足老婆的这种幸福。你明白吗？因为爱，我才一个劲儿地向她索取。爱一个人，就要给她爱你的机会。"

他的声音哽咽起来。直到那一刻，年轻人才真正明白了什么叫爱。

人的感情是一种非常奇妙的东西。当一个人爱另一个人的时候，就会全心全意地为对方付出。看到对方满足的笑脸，自己也好像获得了世上最大的幸福。当对方因为爱你而为你付出的时候，不要发出任何指责的声音，更不要去制止对方，只要毫不掩饰地表达出自己的满足与感激就可以了。这样是为了让对方感到，你离不开他，无时无刻不在需要着他。一个人所能得到的最大的鼓励莫过于此。当然，爱是相互的，对方为你付出的时候，你也要用实际行动来回报。这样一来，温馨的生活将永远伴随着你们。

大声说"爱"，别留遗憾

在北京火车站软卧候车室里，她拉着行李箱，缓缓走着，面容秀丽。他提着公文包，快步走着，面容紧绷，好像有什么急事似的。

两人不期而遇，甚为惊愕，一时无语。这么多年了又见到对方，真的要谢谢上天。

多少次梦中相会啊，终于见面了，两人相视一笑。

"还好吗？"

"好。"

好似整个候车室只剩下两人，心跳的声音对方都能听到。她羞涩地低下头，他扫视两边："那边有咖啡座。"然后，两人坐了下来。

分手多年，不知多少次后悔地敲打自己的脑袋。此刻，对方就在眼前。她眸光低闪，看着眼前人坚毅的面容，那曾是她美好的梦啊！他看着她娇嫩的容颜，那是他渴望驻足的港湾。

"结婚了？"他想知道自己是否还有机会拥有她。

她对他笑笑，不语。

默认？这么可爱的女孩子，不会等到现在还没有嫁人。当年是自己生气离开，再回来，她已远去。

"你呢？"她轻问。

他心思百转，却不敢去探知事实真相，他怕。最后，他只是笑。

她的眼神变得幽怨，她误会了。想起气走他的日子，没有他的那座城市，变得凄凉寒冷。她受不了，选择逃走，独自闯荡，开始坚强。

大概他们有缘无分吧！

挥手，再见。两个失意人，随着奔跑的列车，越走越远。

其实，他们又错过了彼此，因为两人都为了等待对方而至今仍然单身。

如果是矜持让爱走远，我们就不该为失去的幸福而伤感。

回想过去，你是否曾因为没有直率地表达自己的感情，而使自己遗憾至今呢？也许，当初年少的你尚有一些羞涩，害怕被拒绝后丢面子，但是请相信，当你真挚的感情传达到对方心里的时候，对方即使对你毫无感觉，也不会嘲笑、挖苦你，而且事后你也绝对不会留下任何遗憾。任炽烈的感情灼烧于心中，对方却一无所知，这难道不是对自己的一种残忍吗？正在苦恋中的人们，请勇敢地当一个"破冰者"，大声、坦率地说出"爱"吧！也许就因为你的这一次冲动，山穷水尽转眼就变成了柳暗花明。

营造和谐的避风港湾

工作上的不快不要向家人发泄

一个农场主雇来一名水管工安装农舍的水管。但是那一天，霉运从来没有离开过这个可怜的水管工半步：车子的轮胎爆裂，让他在路上就耽误了一个小时；接着，电钻也坏了；最后，开来的那辆载重一吨的老爷车也抛了锚。辛苦了一天后，雇主开车把他送回家去。

到了家门口，满脸沮丧的水管工没有马上进去。他沉默了一阵子，伸出双手，轻轻抚摸着门旁一棵小树的枝丫，然后才敲门。等到门打开时，水管工笑逐颜开地拥抱两个孩子，又给了迎上来的妻子一个响亮的吻。在家里，水管工愉快地招待了雇主。

雇主离开时，水管工送他出来。雇主好奇地问："刚才你在门口的动作，有什么用意吗？"水管工爽快地回答："有，这棵小树就是我的'烦恼树'。我在外头工作，烦心的事情没完没了，可是我明白，烦恼不能带进家门，不能带给妻子和孩子。于是我就把它们挂在树上，让老天爷管着，明天出门再拿。每当我第二天到树前去时，'烦恼'大半就都不见了。"

确实，我们每个人都该有一棵自己的"烦恼树"，它可以是日记本上宣泄的话语，也可以是内心的自我化解。因为，每天你下班回来，家人都希望看到你的笑容，而不是愁眉苦脸的样子。如果你带着一张笑脸回家，你会发现晚饭变得异常可口，餐桌上的气氛也显得无比欢乐和温馨。这时你才能真正体会到，"避风港湾"是对家庭的一个多么恰当的比喻。

珍惜和家人在一起的一点一滴

这是一个破碎的美国家庭：男人应征入伍，将冰冷的尸体永远留在了越南的热带丛林中，从此母女两个相依为命；女人一生没有再嫁，只是每天翻出丈夫的照片，默默地端详一会。

多年后，女人也去世了。女儿在整理遗物的时候发现了一个小盒子，里面放着母亲写下的一首诗，题目叫《你没有做到的事情》：

记得有一天，我借走了你的新车，不小心撞坏了，我以为你会责骂我，但你没有。

记得有一次，我硬要拉着你去海滩，你说天会下雨，结果被你言中了，我们被淋了个透，我以为你会发脾气，但你没有。

记得有一回，我故意向别的男孩子抛媚眼，想看到你因为嫉妒而抓狂的样子，但你没能让我如愿。

记得有一次，我不小心将草莓饼撒在新买的地毯上，我以为你会批评我，但你没有。

记得那一次，我忘记告诉你那个舞会是要穿礼服的，害得你只穿了牛仔裤到场，我以为你会很生气地离开，但你还是没有。

许多许多的事情你都没有做，因为你爱我、容忍我、保护我。我发誓，要好好地报答你，当你从越南回来以后。但是这一次，你还是没有。

不要因为日子平淡，就不懂得珍惜和家人在一起的点点滴滴。也许，正是这种平淡，才是家庭生活中最值得记忆的片段。你是否知道，一家人健康、平安地生活在一起，对多少人来说都只能是一个可望而不可即的梦啊！在家中，不要吝惜自己表达"爱"的话语，也不要因为一点小事就陷入"冷战"。用无比珍惜的态度过好和家人在一起的每一天，你就已经是一个非常幸福的人了。

做妻子的智慧

结婚10年以来，丈夫的事业有了很大进展。家里有了宽敞的住房、高档的汽车，还有一个乖巧伶俐的7岁女儿。每天，她都在家安心地扮演着贤妻良母，照顾丈夫和女儿的饮食起居，周末也偶尔和朋友小聚。这样的日子很平淡，但很温馨。

下周就是结婚10周年纪念了。一天，她在陌生的街角发现了熟悉的车子，车上走下来陌生的女人和熟悉的丈夫。那女人挽着丈夫的胳膊，紧紧地贴在丈夫身上。她顿时觉得天旋地转，急匆匆地飞奔回了家中。

回到家后，她再也抑制不住伤心的泪水。10年的时间，可以让山盟海誓变成一句空话，让热恋的激情彻底冷却。她盘算着等丈夫回家后如何质问他，如何闹个天翻地覆让他永远后悔。就在这时，女儿从房间里走了出来："妈妈，你为什么哭啊？"

看着女儿天真的表情，她愣了一下，立刻擦干了泪水，微笑着说："没什么，妈妈觉得很饿，所以哭了。把你的蛋糕拿一些给妈妈好吗？"

"妈妈真是的，想吃蛋糕说一声不就行了？悦悦讨厌爱哭的人。"女儿撅着嘴，十分认真地说，那表情简直可爱极了。

"好的，妈妈一定改。"女儿满意地点了点头，马上跑回了自己房间。

这样天真可爱的女儿，怎能让她在成长过程中面对父母的争吵与离异呢？她想通了：生活还要继续，自己舍不得女儿，舍不得这个辛苦建立的家，舍不得对他的爱。她下定了决心，假装今天的事自己没有看见，不，是根本没有发生。

就这样，她把委屈和痛苦深深掩埋在心中，一家人的日子依然维持着表面上的平静。

一年之后，她注意到了丈夫的变化：他每天都准时回家，经常给女儿辅导功课，而且开始在半夜悄悄地钻进她的被窝……丈夫回到了自己的身边，生活彻底恢复了从前的样子。她不再伪装快乐，因为她重新感受到了真实的幸福。

一天，家里的电话响了起来。她拿起听筒，对方没有说话。她立刻意识到了什么，也没有吭声。对方好像耐不住了，首先打破了沉默："你知道我是谁吗？"

这是一个女人的声音。她明白自己的判断是正确的，平静地回答："我当然知道你是谁。"

那女人又说："黄脸婆，你想知道你老公与我曾经多么恩爱缠绵吗？想看看我们曾经的爱巢吗？想看看我们的情侣装吗？"句句话都像针一样刺进她的心头。

她竭尽全力平抑了心中的悲伤和愤怒，轻松地说："我不关心这些。他已经回来，这就够了。"对方沉默半天，挂掉了电话。然而事情并没有完，几天后一个邮包寄了过来。她能猜到里面是什么，收到的瞬间还是想打开看看的，但她最后还是忍住了，像当年忍住了没问一样。她知道，这是最后一道防线，守住了，一切就都过去了。

　　几年后，他们买了更大的房子。搬家的时候，丈夫发现了邮包。他打开后，脸色青一阵，红一阵，而她依旧假装没看见。久久沉默后，他投来问询、歉意的目光，她却笑了，问："晚上想吃什么？出去吃好吗？"

　　丈夫哭了，紧紧地将她拥入了怀中。

　　做妻子的发现丈夫有外遇后，一般不是寻死觅活，就是大吵大闹，这样只会让丈夫和自己更加疏远，家庭彻底破裂。而故事中这位妻子的做法，实在令人佩服：事情已经发生，大吵大闹于事无补，倒不如选择沉默和宽容，等待丈夫改过自新。

　　确实，这对一个女人来说也许很难做到。但作为一个妻子，一定要有"我是他生命中唯一的女人"这种自信。这种自信，不应表现为"切断丈夫和一切异性的来往"这种霸道的行为。当丈夫有了外遇，你更应该一如既往地对待他。你要明白，他和那个女人的关系是靠新鲜感来维持的，当他对那个女人失去了新鲜感，就会变得像一个犯了错误而又无家可归的孩子一样渴望温暖，而此时你是唯一能够给他温暖的人。他除了回家找你，还能有什么选择呢？当然，这时你可以选择用某种方式惩罚他，但此时如果你依旧端上可口的饭菜，轻轻对他说："你累了，今晚好好休息吧！"相信我，这时你的丈夫连自断一指向你谢罪的心情都有。因为，你的包容心已经让他佩服得五体投地，你宽容的行为也已经让他在良心上被谴责得体无完肤。总之，你对他的宽容，已经是对他最严厉的惩罚了。

夫妻之间的感情，是热恋的激情经过生活的锤炼而成的结晶，不会那么轻易就破碎的。当这个结晶出现裂纹时，你更应该加倍小心地呵护它，而不是从另一面去破坏它。当然，这一切的前提都是你能够确定：你和你的丈夫都希望珍惜彼此间的感情。只要你和你的丈夫依然相爱，那么无论经历多少风雨，你们最终都将携手迎来绚丽的彩虹。

父母是你要感激一生的人

从前有一棵树。每天，一个男孩都会跑来树下嬉戏。他收集树叶，把它们编成皇冠，或者爬上树干，抓着树枝荡秋千。玩累了，他就躺在树荫下休息。男孩很爱这棵树，树也觉得好快乐。

时光飞逝，男孩长大了，来树下玩的次数也越来越少。树常常感觉很孤单。一天，男孩来到树下，树说："来，孩子，像以前那样，爬上我的树干，抓着我的树枝荡秋千吧！"

"我不是小孩子了，不能天天只知道玩耍。"男孩说，"我需要钱来买书包去上学，你能给我一些钱吗？"

"真抱歉，"树说，"我没有钱，只有树叶和果子。拿我的果子到城里去卖吧，这样你就会有钱了。"男孩爬上了树，把果子摘光带走了。树感到很开心。

自那以后，男孩好久没再回来，树非常难过。一天，男孩来了，树高兴得发抖，说："来啊，孩子，爬上我的树干，抓着我的树枝荡秋千吧！"

"我太忙了，没时间爬树。"男孩说，"我想要一间房子，然后娶妻生子。你能给我一间房子吗？"

"我没有房子。"树说，"不过，你可以砍下我的树枝去盖房子。"于是男孩砍下树枝拿去盖房子了。树还是感到很开心。

男孩又是好久都没再来。当他再回来时，面容憔悴，步伐沉重。树看到他的样子也觉得很难过，轻轻地说："来，孩子。丢下烦恼，过来玩吧！"

"现在我很难过，没这个心情。"男孩说，"我想要一条船，带我离开这里。你能给我一条船吗？"

"你可以砍下我的树干去造船，这样你就能远航了。"树说。于是男孩砍下了树干，造了条船，坐船走了。树尽管感到了一丝悲凉，但还是很高兴。

这次男孩走的时间最长，回来的时候已经白发苍苍。

"我很抱歉，孩子。"树说，"我真希望能再给你什么，可我只剩下一块老树根了。"

"没关系，我没有牙齿去咀嚼果子，也没有力气爬树干了。"男孩说，"我一点儿力气都没有了，只想要一个安静的可以休息的地方。"

"好啊，"树一边说，一边努力挺直身子，"我的老树根坐起来还蛮舒服，正好适合休息。来，孩子，坐下吧！"

男孩坐了下来，在树的陪伴下，走完了人生的最后一刻。树依然觉

得非常快乐。

读完这个故事，你是否觉得，这棵树很像我们的父母，而我们就是那个小男孩呢？父母一直不计回报地为我们付出，恨不能为我们献出自己的一切。我们依赖着父母，不停地像他们索取着，然而自己真正为他们做过什么吗？

父母知道儿女每天都在为了前途奔波劳苦，生怕自己给儿女添麻烦，于是总是说："我们一切都好，不用惦记。"他们希望儿女能够生活得幸福，但同时他们也很希望儿女能够多抽出时间陪陪他们。人一旦上了年纪，不仅身体每况愈下，心理也会经常感到寂寞。作为儿女，还是尽可能地抽时间陪陪父母吧！这已经是最低的要求了，如果连这个都做不到，不仅父母会很伤心，自己将来也会追悔莫及的。

蹲下和孩子说话

小艳放学回家后，抱怨老师当着全班同学的面大声斥责她。母亲听后质问道："你是不是干什么坏事了？"

小艳瞪起眼，生气地说："我什么也没干！"

"不可能，老师不会无缘无故地斥责学生。"母亲依然表示怀疑。

小艳把书包往地上重重一摔，坐在椅子上一脸怒气地盯着母亲。母亲继续责问："那么你打算怎样解决这个问题呢？"

小艳很倔强地说："什么也不做！因为我没有做错什么！"

此时母亲意识到，这样再问下去，只会加深母女间的对立。她立刻改变态度，用一种温和的口气说："我肯定你当时觉得很尴尬。记得上四年级时，我只是在算术考试时站起来借了一支铅笔，老师就将我骂了一顿，让我感到十分尴尬。当时我也生气极了。"

小艳的表情一下子轻松起来："真的？我也只是在上课时要求借一支铅笔，因为我没有足够的铅笔，我真的觉得老师为这个教训我很不公平。"

"说得没错。但你能不能想出办法，今后避免这种情况呢？"母亲也搬了一把椅子坐在了小艳旁边，微笑着和她四目相视。

母亲的举动让小艳彻底放松了。她想了想，回答道："我可以多准备一支铅笔，那就不用打断老师讲课去借了。"

"很好，这个主意不错。"母亲高兴地拍了拍小艳的头。

有些父母对待孩子，就像上级对待下级那样，只强调自己的观点与尊严，完全不顾及孩子的想法。这样做，不仅得不到孩子的认同，还容易引起他们的反感和对抗。

父母在教育过程中，要学会"蹲下和孩子说话"。这并不是指你和孩子说话时的姿势，而是指你在和孩子说话时，应该把自己放在和孩子一样的位置，站到孩子的角度来看问题。必要的时候，甚至可以适当附和孩子一下，让他平息怒气，忘掉委屈。试想，一个成年人在情绪激动的时候，都很难认识到自己的错误，何况一个孩子呢？

父母和孩子之间应该是平等的，和孩子说话的时候，父母应该"蹲下""平视"孩子，让孩子觉得父母是自己的知心朋友，而不是高高在上、和老师"串通一气"的人。这样，孩子在父母面前很容易敞开心扉、无所不谈，父母想要了解孩子真实想法的目的也就很容易达到了。但要注意，对于孩子流露出的错误想法，不要急于用严厉的话语纠正，否则之前的努力就都白费了。

　　教育孩子，其实非常考验父母的情商，需要父母有极强的耐心和包容力，以及很强的换位思考能力。如果你和孩子的关系陷入了僵局，就好好反思下自己的不足吧！教育孩子不仅是为人父母义不容辞的责任，也是一项趣味性和挑战性并存的工作，一旦成功不仅会对孩子的人生产生很大的帮助，也会让父母有一种非同寻常的成就感。

让孩子走自己的路

　　一天，朋友送给埃迪一个名为"Froogle"的超级搜索软件，据说这个软件比Google的功能要强大得多。埃迪把它装在电脑上，发现果真如此。它不仅具备Google的一切功能，还具有智能分析的能力。比如说，你搜索"美国总统"，它能像Google一样把美国历史上的四十多任总统迅速地列成一张清单；如果你输入"美国历史上最差的总统"，它还能根据当前流行的观点对这些总统进行鉴别，把最差的那位指出来。

　　前几天，埃迪的儿子又在学校惹祸了。埃迪非常气恼，痛骂了儿子一顿，事后又非常懊悔。他下意识地在Froogle里敲了几个字：让父母伤透心的人。

　　在不到一秒的时间内，这个软件竟然列出了三千多个搜索结果。第一页的前三位是以下几个人：

　　第欧根尼，古希腊人。他一辈子都睡在一个大木桶里，把地上的食物捡起来当作一日三餐，还在众目睽睽之下大小便。他疯子一样的行为，让年迈的老母亲伤透了心。

亨利·梭罗，美国人。他小时候读《圣经》，看到"一周工作六天，休息一天"这条教义后，对母亲说："我可不想活得那么累，我要一周工作一天，休息六天。"他妈妈听了，当场就晕了过去。

萨迪，古波斯人。他逢人便说，人应该活到九十岁，前三十年读书，中间三十年漫游世界，后三十年著书立说。他亲身实践了自己的言论，完全没有理会父亲"挣钱养家"的嘱托，气得老人家一夜白了头。

后面两千多人也都大同小异：要么极其童稚、胸无大志，要么放荡不羁、不可理喻。总之，和这些人相比，埃迪的儿子真算得上一个乖宝宝了。

看完这些最让父母伤心的人，埃迪的心情出奇地轻松，因为这些人都是世界上最有成就和最让人羡慕的人。第欧根尼一世独立，无拘无束，用自己的言行探索着"人"存在于世间的终极状态，甚至连雄才大略的亚历山大大帝都说："假如我不是亚历山大，我一定选择做第欧根尼。"亨利·梭罗在瓦尔登湖畔过着宁静简朴的生活，让生命与大自然融合在一起，写出寂寞、恬静、智慧的《瓦尔登湖》，让无数人羡慕和神往。萨迪漫游了四十多个国家，留下深邃颖悟的智慧之作《蔷薇园》，并且真的活了九十岁。他们都达到了作为人而能创造的最高人生境界。

假如你的孩子没有按你的理想去走人生之路，千万不要伤心，更不要强迫他按照你的想法去生活，否则，你就可能扼杀了一个伟大的人。每一个灵魂都是独立且健全的，要相信孩子，他们知道沿着哪条路走可以最快地实现自己的理想。你只要不断地鼓励他，并为他的成功祈祷就足够了。

　　作为子女，即使父母对你选择的道路持不同意见，也不要和他们争吵，因为他们绝不是故意和你作对，只是担心你选择的道路无法让你获得幸福。认准自己的路，就坚持走下去，用成就让你的父母放心。当你获得成功的时候，父母绝不会再提出反对意见。